旺夫的女人最好命

让全世界都支持你的丈夫

(美) 桃乐丝·卡耐基 ◎ 著

木兰 ◎ 译

沈阳出版发行集团
沈阳出版社

图书在版编目（CIP）数据

旺夫的女人最好命 /（美）桃乐丝·卡耐基著；木兰译 . —沈阳：沈阳出版社, 2017.11

ISBN 978-7-5441-8787-9

Ⅰ . ①旺… Ⅱ . ①桃… ②木… Ⅲ . ①女性－成功心理－通俗读物 Ⅳ . ① B848.4-49

中国版本图书馆 CIP 数据核字（2017）第 268848 号

出版发行：沈阳出版发行集团 | 沈阳出版社
　　　　　（地址：沈阳市沈河区南翰林路 10 号　邮编：110011）
网　　址：http://www.sycbs.com
印　　刷：北京嘉业印刷厂
幅面尺寸：145mm×210mm
印　　张：7.5
字　　数：185 千字
出版时间：2017 年 12 月第 1 版
印刷时间：2017 年 12 月第 1 次印刷
选题策划：侯　箭
责任编辑：王冬梅
封面设计：仙　境
版式设计：新视点
责任校对：张　楠
责任监印：杨　旭

书　　号：ISBN 978-7-5441-8787-9
定　　价：38.00 元

联系电话：024-24112447
E – mail：sy24112447@163.com

本书若有印装质量问题，影响阅读，请与出版社联系调换。

目录
CONTENTS

第一章 叫醒你的男人，去赢取全世界的支持

01　看向同一个方向 / 002
02　放飞他的梦，留住他的心 / 007
03　每一个未来五年，给男人力量 / 011
04　做他生命里的那颗救星 / 014
05　热诚——释放他的荷尔蒙 / 018
06　六个规则，向丈夫献宝 / 024

第二章 没有谁是天生的好命女人，会经营是根本

01　看准丈夫的"正统"职业 / 030
02　让丈夫愉快地吹着口哨出门 / 036
03　爱就是"我愿意听你说" / 041

04　你的态度决定他的高度 / 049

05　男人都是好面子的 / 056

06　尊重他，即使你是女王 / 059

07　温柔地指出他的缺点 / 062

第三章　成熟女子：
感性去爱，理性去做

01　当特殊的工作情况来临时 / 068

02　男人调职，女人该怎么做？ / 072

03　敢于让你爱的人冒险 / 076

04　男人失业，也阻挡不了你幸福 / 082

05　各自忙碌，一起幸福 / 086

06　办公室放家里，丈夫放心里 / 089

07　把她当伙伴而不是情敌 / 092

第四章　女人多支持，
男人扛得住

01　做丈夫的忠实信徒 / 098

02　女人独立自由的意义是什么 / 102

03　为家庭利益做出适当牺牲 / 105

04 "星期五"式的太太 / 108
05 把风头留给男人，把风采留给自己 / 115
06 扬其长，补其短 / 120

第五章　在婚姻的江湖，适当"放男人一马"

01 尊重他的爱好，收获他的宠爱 / 126
02 玩到一起，才是好伴侣 / 131
03 唠叨、枪、男人 / 135
04 把丈夫当"艺术品"而不是"半成品" / 143
05 乱插手，生活怎能不乱？ / 146
06 爱是自私的，但爱人不是私有财产 / 151

第六章　家有贤妻，让男人爱上回家的感觉

01 爱他，就用他喜欢的方式温暖他 / 156
02 家庭主妇，你的价值无人可比 / 160
03 呢绒、塑胶，两种脚垫要放对位置 / 163
04 让我们越爱越浓 / 170
05 男人最爱有烟火气息的妻子 / 177

06 管理好丈夫的健康，让他养你一辈子 / 181

07 聪明女人绝不对丈夫说的话 / 188

第七章　做丈夫生命里不可替代的人

01 不做绝望主妇，做傲骨贤妻 / 194

02 每天定量的 24 小时，你怎么用？/ 201

03 聪明女人越忙，越优雅 / 209

04 为了更亲密，给晚餐"加料" / 215

05 女人会理财，旺夫又旺家 / 219

06 你的社交活动可能帮了他的大忙 / 227

第一章 叫醒你的男人，去赢取全世界的支持

01.
看向同一个方向

有明确的人生目标是指引人们走向成功的关键因素,来看这样一个例子:1910年,有两个青年人在纽约合租了一间公寓。他们中一个名叫戴尔·卡耐基,就读于美国戏剧艺术学院,是个来自密苏里州玉米栽种区的不谙世事的幻想家;另一个名叫惠特利,来自马萨诸塞州,是个乡下孩子。

惠特利虽然出身贫寒,但和其他乡下孩子不同的是,他决心要成为一个拥有自己公司的大老板。

最初,惠特利的工作是在一家大型食品连锁店当零售员。他对这份工作干劲十足,而且为了更加熟悉业务,他还常常利用午餐时间到批发部帮忙,这并没有使他得到额外的薪水或别人的感谢。但批发部主任很快知道了这件事,不久,当一个更好的职位空缺时,这位主任就把机会留给了惠特利。

通过自己的努力,惠特利一步步地获得晋升——从零售店员到业务员,然后是部门主管,再就是地区业务经理(当然其中也难免有些失败和挫折）。后来，在这家公司工作很多年后，惠特利发现自己已经没有什么上升空间，因为公司总裁的一派人在公司势力强大，他很快就被排挤出来了。在其后的一家公司里，他发现晋升的条件是凭资格，这样一来他到死都没法进入最高决策层。

但是，惠特利从来没有忘记自己的奋斗目标。他最终实现了这个目标，成为了橘子包装公司的总裁并创办了自己的"蓝月乳酪公司"。

在那间狭小的公寓里，这个乡下孩子曾经对他的室友、我的丈夫卡耐基说："总有一天，我将是大公司的老板。"如今可见，这句话并非痴心妄想，而是他的一个坚定信念，是他为自己立下的一个实现自我的目标，以此激励他人生的每一步。

为什么许多人都失败了，而他却取得了辉煌的成就呢？他勤奋工作，可是其他人也一样努力；从学历中也找不到问题的答案，因为他只是在工作之余进行自修。可见，关键在于他有个明确的目标。不论是义务加班，还是更换工作，或者因为业务需要学习新技术——他进行的所有活动都是围绕着这个目标。

生活散漫的人是不会成功的。这些人很随便地找份工作，稀里糊涂地结了婚，无所用心地过日子，心里却没有一点进取心和愿望，还梦想着事情会朝好的方向改变。

恩·约特女士是纽约新温斯顿饭店"职业咨询处"的创办人，同时也是一名人生指导师——给那些对自己工作不满意的人提出意见，以供他们参考。关于失业的问题，我们讨论了好几个下午。她对我说，在上门咨询的人中，大部分都不明白自己到底想要什么。因此，她首先就是帮他们找出自己内心的愿望和意图。这正是妻子应当协助丈夫的事情，那就是帮他找到生活的目标，然后帮助他向这一目标前进。

赛门和伊瑟格琳曾经合著《婚姻指南》一书，她们指出，美满的婚姻要有共同的生活愿望，而这个愿望是什么却不重要——无论是一幢新房子，一个大家庭，或是到欧洲旅行……有一个可以共同分享生活的愿望才是重要的。

她们说："重要的是先有一个目标，然后尽力去实现它。生活的快乐、趣味和参与感来自对生活的幻想、设计和期许，来自对生活中的希望与失望、成功与失败的共享。"

威廉·葛理翰夫妇住在堪萨斯州威基塔市，他们人生的成功就是这个道理的最好证明。

威廉·葛理翰是威基塔威廉·葛理翰石油公司的决策人，这是一家盈利丰厚的公司。他和夫人玛丽拥有的人生财富令许多人羡慕不已：健康、富有、六个聪明的孩子、豪华的住宅、成功的事业，而且在他们未来的岁月还将享受这一切。

我和威廉·葛理翰相识多年，我向他请教成功的最大诀窍，他这样回答："要有一个长远计划和协调的运作。"

威廉·葛理翰夫妇结婚不久，就开始做房屋不动产买卖。除了埋头工作以成功赚取佣金之外，他们没有任何经济来源。

他们租借了一幢办公大楼废弃通道的一角来做办公室，由玛丽在这里联络，威廉则外出寻找生意。开始，业务没有什么进展，这对新婚夫妇经常三餐都没有着落。

渐渐地，业务有了好转，他们开始自己购买房子再转手卖出，后来又自己建造房子出售。在他们的经营形势一片大好的时候，威廉认为自己还有多余的精力，应该谋求新的发展。

在几次家庭会议之后，他们选择了石油生意。威廉·葛理翰石油公司就这样诞生了。该公司一向被人们引为成功的实例，因为他们对交易的机会和挑战性有强烈的渴望。

如今威廉又在谋求新的发展，他们正在考虑进行国际投资，一旦他们做出决定，便会全力以赴地实现它。

在威廉夫妇为自己选择目标、制订计划时，他们常常会考虑威廉受过的教育、爱好和性情。玛丽对我说，为避免失去进取的劲头，威廉总是在一项计划实现之时，马上寻求下一个更富挑战性的工作。正是因为这样，他们的生活才充满了挑战和成就感。

威廉夫妇的成功有力地证明了：人生应该制订计划，然后切实实行，最后达到目标。谁能够不经瞄准而命中靶心呢？瞄准靶心的人即使会有一点偏差，但肯定要比盲目射击的人更加接近靶心。

"混乱是产生忧郁的主要原因。"哥伦比亚大学著名教授狄恩海伯特赫基斯这样说。

模糊不清不只是忧郁的原因，还是成功路上的最大障碍。所以，促使你的丈夫优异出众的第一步，就是激励他们找到生命的重心，并为此制定一个生活的目标。

同时，还要思考：成功对你和你的丈夫有什么意义呢？它意味的是财富、名望或权力、安全感，还是满意的工作和服务社会？这些问题正是你们应该思考的。因为成功对不同的人有完全不同的意义，你应该找出成功对自己的意义，从而确定自己生命的目标！

如果妻子想要帮助丈夫实现他的目标，首先应该明确了解这个目标。如果你的丈夫已经有明确的人生志向，也不要以为这就够了，你应该积极参与到他的计划中去。

不知道下面这句话出自何处，不过对那些不乏进取心的夫妻而言，它确实是金玉良言："相爱并非四目相对，而是双方看向同一个方向。"因此，成功的第一步是——"帮你的丈夫确定他的人生目标"。

02.
放飞他的梦，留住他的心

人们常说，一个成功的男人，背后必有为其做出贡献和牺牲的女人。女人能带给男人不同的人生观，使他不断成熟，不断发展，这些正是成功的要素。在丈夫奔事业的路途中，充当好他的隐形谋士，助其成功，是女人最明智的决定。

有人说，一个成功男人的每一次杰作，必有明智女人的汗水淌在里面。这话说得很有道理。不过，有不少人却将女人的奉献、牺牲都仅仅归于她对男人的支持，为让男人放开手脚干，自己无怨无悔地承担起繁重的家务，是标准的"贤妻良母"等。这种观点尽管在某种意义上承认了女人的功劳，但一个聪明的女人的真正功劳远不止于此。在自觉与不自觉间，女人还是男人必不可少的隐形谋士。女人对男人的鼓励，可以激起他的斗志，使他奋发图强；女人对男人的包容，可以唤醒他的责任感，让他奋不顾身。男人从最初不起眼的小角色到最终出人头地，如果没有女人在背后的支持是办不到的。

琼斯与妻子安妮结婚时,可以说是一无所有。每当琼斯在生意上遇到挫折,拖着疲惫的身体回到家里,安妮总是给予他无微不至的关怀。她经常鼓励他说:"你是最棒的,你一定行,我对你有信心!我相信你一定行!"看似很平常的一句话,但对她的丈夫来说却是莫大的支持和安慰。琼斯感到他的妻子并没有因为自己生活贫困潦倒、事业没有进展就对自己灰心失望,由此带来的精神动力是支撑他继续奋斗下去的强大力量。于是琼斯从零开始,一步一个脚印,最终攀上了事业的顶峰。由原来的一无所有变成有车有房的中产阶级,一家人过着其乐融融的生活。

在一次颁奖典礼上,琼斯说:"我要特别感谢在我生命中最重要的两个女人:一个是我的母亲,她给了我生命,把我带到这个世界;另一个就是我的妻子,是她一直在背后鼓励和支持我。她经常对我说:你是最棒的,你一定行,我对你有信心!"

我们不得不承认,琼斯事业的成功与他妻子的"隐形谋士"的作用是分不开的。

世上平凡的家庭不计其数。即使是再平凡不过的丈夫也希望自己有一天能出人头地,风光一世。政府要员、外交家、尖端科研工作者、著名作家、知名演员等都是不平凡的人。然而,他们仍然是人,而且比一般人更多一份情感与追求。他们也需要有个温暖的家,有个给自己当参谋、出点子的妻子。

那么,女人应怎样从背后支持男人,当好丈夫的谋士呢?

一、为了丈夫，勇于放弃自己的职业。如果夫妻恩爱得像两扇贝壳那样默契，那么连里面的沙子也会变成珍珠。

二、分析他的工作，适当的时候给他出点子，想主意。

三、他或许并不需要你插手他的事情，但他却需要你理解他所做的一切。理解，在夫妻之间是比什么东西都要珍贵的礼物。唯有理解才能幸福。

四、做他事业上的忠实信徒，相信他一定会取得成功。在他顺利或受挫时都应如此。

五、不断鼓励他，让他成为理想中的自己。多一些爱，多一些支持，多一些信心，帮你的丈夫找到比别人更美丽、更宽广的路。

六、希望自己成功的人一般都有很强的自尊心，所以一旦他们遇到失败，就会变得像孩子一样，心灵非常脆弱。做妻子的你应当知道，这种时刻你是他最大的精神支柱，你的一言一行、一举一动都将会对他产生巨大的影响。你此时应当像一个"慈母"，给"孩子"以重新振作的信心和力量。

七、多做一些小的牺牲，多承担一些家务。在某些关键时刻，你既是他的妻子，同时还是他的同僚、秘书与高级顾问。

八、学会自己支配时间，尽可能多地学习、掌握一些与丈夫事业有关的知识。学会用其他活动安排自己的业余时间，消除孤独与寂寞感。

九、目光要放远一些，不要因眼前利益责怪丈夫。应切记：

丈夫的成功就是你的成功。丈夫扬名之时，也是你光彩照人之际。

　　一个女人，无论在家庭还是事业中，应始终站在丈夫的身边，用自己的聪明谋略帮助丈夫解决困难，给丈夫出主意，让他出头露面，去享受成功的荣耀。这样的女人不仅会使男人心服口服，而且也容易拴住一个男人的心。

03.
每一个未来五年，给男人力量

进入大学是尼克·亚历山大的最大梦想。他是在一所老式的孤儿院里长大的，那里不仅伙食粗劣，而且总是吃不饱，孩子们从早上五点钟到日落一直不停地工作。

小尼克非常聪明，可以说聪明绝顶，14岁就中学毕业了。之后便踏入社会，谋求生路。最初，他的工作是在一家裁缝店做缝衣匠。他在那里工作了14年。后来，裁缝店加入了工会，他的工资提高了，而且也缩短了工作时间。

与此同时，他感到幸运的是，他的妻子愿意帮助他实现梦想。但是，事情并不是轻而易举就能办到的。1931年，也就是他们结婚不久，店里开始裁减人员，这对年轻夫妇不得不自己去闯天下，他们用所有存款在宾夕法尼亚州的亚顿市创办了一家房地产公司。为了充实他们那微薄的资本，他的太太丽莎卖掉了自己的订婚戒指。

在其后的两年间，他们的生意十分兴隆，于是，丽莎决定让尼克上大学。在36岁那年，尼克终于得到了学位，这是他人生道路上的第一个里程碑。

尼克又回到房地产生意上来，这次是他帮助自己的太太。因为他们如今有了一个新的目标，在海滨建造一所新房子。不久，他们就实现了这个目标。

他们是否就此坐下来享受了呢？没有！因为他们还有一个女儿需要教育。如果他们能够付清商业大楼的贷款，把房子改成公寓出租的话，女儿上大学的费用就有保障了。最后，他们当然又实现了这个目标，因为他们一心一意要实现它。

亚历山大太太对我讲，他们目前努力奋斗的目标是退休保险金。现在，丽莎负责照顾家庭，由尼克单独主持事业。

亚历山大夫妇的生活是忙碌的，同时也很幸福。在他们面前，永远有一个目标引导着他们去奋斗。正如萧伯纳所说："我厌恶所谓的成功，因为成功意味着自己在这个世界没有可做的事情了。正如雄蜘蛛一样，一旦完成受精即被雌蜘蛛杀死。我要求不断地前进，我的目标永远在前面，而非后面。"

许多人终其一生没有什么目标，他们生活在一个单一的空间，醉生梦死，过一天算一天。相反，那些在人生中能有很多收获的人，总是在警觉地等待机会，一旦机会出现，他们会马上抓住它，因为他们始终有一个明确的目标。

如果要制订长远的计划，最好是将每五年划分为一个阶段，这样便于实现。你可以这样来制订你的计划：在第一个五年之内，要获得大学学位，为晋升作准备；在未来的十年，应该晋升为小主管等。

下面是一位太太说的话：

"我希望自己的丈夫永远不要感到满足，从而不会停下他进取的步伐。我们这五年的生活中，每年都有一个目标要去努力——首先是他的学位，其次是进修课，接着是他的事业。如果有一天他对我说，他的钱够花了、知识够用了、经验也足够了的时候，我们的蜜月也就终了了。"

"无论你做什么，只要牢牢记住自己最终的目标，就不会失去任何东西。"

成功的要诀就是：一个目标实现之后，马上再为自己树立下一个目标。人生，就是不断地追求新的目标。

04.
做他生命里的那颗救星

在神话里，夏娃是上帝用亚当的肋骨做出来的。这样的说法总是让人感觉到女人对男人的依附性，而在当今这个女人越发独立的时代，这种说法肯定是过时的。不过有些时候，换个视角来看，女人真的可以做男人的骨头，并且是"主心骨"。就像在夫妻之间，很多时候，如果没有妻子的支持，丈夫就难以做成自己的事业。

有人说，男人最强的激发力是取悦女人的欲望。这样的说法有几分道理。古代男人为了在女人面前表现英勇，与野兽搏斗带回食物。现代的男人同样拥有取悦女性的欲望，他们去创富，争取权势和名声，除了满足男人天生的征服欲望，也是为了能给家人提供更好的生活条件。

大部分男人不会承认，他们易受自己所喜爱的女人的影响，因为雄性动物天性就喜欢被认为是物种中的强者。此外，聪明的女人也会认同这种男子汉气概的特质，且明智地对这一点不予以争辩。有些男人知道自己受周围女人——妻子、情人、母亲或姊妹——的影响，但他们会机敏地不过度反抗这股影响力。因为他们知道，如果没有女人所给予的正确的影响力的话，他们是不会快乐的。尤其是当他的事业无人喝彩时，作为妻子的你更应当成为他的观众，成为他不可缺少的"主心骨"。

当法国著名科幻小说家凡尔纳还没有成功的时候，他把小说稿寄到出版社，可是一次次地被退回来。当退到第17次的时候，他沮丧极了，把书稿投进火炉，发誓今世再也不写书了。可是他的妻子，一位可敬的女人，一把将书稿从火炉里抢出来，对丈夫说："你再试一次吧，亲爱的。我相信你，你能行。"凡尔纳在妻子的鼓励下，再一次投稿，这次成功了，而且一举成名。

相互安慰、相互鼓励、相互扶助，对夫妻来说实在太重要了。做丈夫的好帮手，你便成为了他的挚友、老师和向导。只有当你像呵护自己这般关爱你的丈夫，你才会发现你在他心中是最有价值的，是生命中不可或缺的，他亦会满怀深情地呵护着你。在相互的关怀和爱护中，爱情之火永远炽烈，婚姻之花永远盛开。

女人的伟大之处就在于自己做参谋、出点子，让男人出头露面，去享受成功的荣耀。在成功的喜悦里，男人当然也领悟到"功名册"里有自己的一半，也有老婆的一半。从古今中外的名人传记中可以发现，妻子的安慰和鼓励，对名人的成功有时起着重要作用。

阿根廷前总统庇隆在暴乱和革命时，被国内反动派关进监狱。为了营救庇隆，他的爱人埃娃使出浑身解数，到全国各地宣传演讲，为庇隆争取民众支持。出身贫贱的她将自己黑暗的过去当作拉拢人心的工具，其中最著名的一段演讲是："你们的苦楚，我尝试过；你们的贫困，我经历过。庇隆救过我，也会救你们。庇隆会支持穷人，爱护穷人，如果不是这样，他怎么会对我宠爱有加。"

埃娃的演讲感动了阿根廷平民，在她的鼓舞下，全国各地爆发了游行示威，要求当局释放庇隆。在民众的强大支持下，庇隆重获自由。面对成千上万的欢迎人群，庇隆紧紧地拥住了埃娃，发自内心地高呼："感谢埃娃！感谢人民！"在那一刻，庇隆意识到，埃娃就是自己政治生涯的救星，他的生命中不能没有这个女人。1946年，在埃娃的帮助下，庇隆当选为总统，埃娃顺理成章地成为了受民众爱戴的第一夫人。

这样的例子还有很多。试想，如果没有这些好妻子的支持与帮助，那些伟大的男人也许就会默默无闻、终身埋没。"好妻子是一所好学校"，如果你能够成为丈夫的学校，你在他的生命中就能占据更加重要的地位。

女人的智慧、直觉往往使她们可以点醒困苦中的丈夫。当丈夫在单位受到领导的批评而闷闷不乐时；当丈夫被卷进领导阶层的权力斗争而败阵时；当丈夫在是非善恶面前举棋不定时；当丈夫因工作出现阻力而一筹莫展时……妻子就在身后，她自有她的谋略，帮他解决困苦，逢凶化吉，让他抖擞精神，继续奋进。

05.
热诚——释放他的荷尔蒙

佛尼德利·威尔森先生曾经担任纽约中央铁路公司的总裁，在一次广播访问中，他是这样回答如何才能使事业成功的："我深切地感受到，人生的经验越丰富，就会更加认真地投入事业，这个成功的秘诀常常被人忽略。就人的聪明才智而言，成功者和失败者之间的差别很小。如果两者的能力大体相当的话，那么积极投入工作的人，获得成功的可能性更大。如果一个缺乏实力但热诚工作的人，和一个有实力却不投入工作的人相比，前者所获得的成功往往胜过后者。"

怎样才是有热诚的人呢？就是认为自己的工作是一项天职，而且热爱它，不论自己的工作是挖土、经营大公司或者其他什么行业。对工作热诚投入的人，无论遇到多大的困难，多么严酷的考验，都会始终用一种从容的态度去面对。只要有这种不急不躁的态度，任何人都会达到自己的目标。爱默生说得好："没有热诚，什么也不能成功。有史以来的任何一项伟大事业都是如此。"这句话不仅简洁,还是成功的指南。

如果看过本书之后,你只体会到对工作具有热诚才是最重要的事,此外一无所获的话,那也不要紧,因为单这一点就足以引导你丈夫迈上他的成功之路了。

对工作富有热诚,是一切希望成功的人都必须具备的条件。不论是艺术家、一个卖肥皂的人、图书馆的管理员,或是一个追求家庭幸福的人。

enthusiasm("热诚"的英文翻译)这个词来源于希腊语,它的意思是"受到神的召唤"。以这种热诚对待工作的人,具有无穷的力量。威廉·L·费尔是耶鲁大学最受欢迎的教授之一,他的那本《工作的兴奋》极富训示意味,其中写道:"就我而言,教书高于一切其他的技术或职业,这就是热诚,如果有所谓热诚存在的话。我对教书的热爱,如同画家爱好绘画、歌唱家酷好歌唱、诗人醉心于写作一样。我每天起床的时候最重要的事情,就是对自己的工作抱有热诚的态度。"

所以,你必须帮助丈夫培养这种工作习惯。也许你会问:"怎样培养?"在下一节,我将告诉你具体的方法。在此之前,必须使你的丈夫对自己的工作有个清醒的认识,具有热诚的态度是非常重要的。

你不妨提醒丈夫,不论哪位老板,都十分清楚雇员具有热诚态度的重要性,同时也知道这种人很难得。"我喜欢具有热诚精神的人,因为他的热诚可以感染顾客,使顾客也热诚起来,这样生意就会成功。"汽车大王亨利·福特如是说。

查尔·华乐华斯是十分钱连锁商店的创办人，他也这样说："只有那些不热诚工作的人，才会处处碰壁。"查理斯·考伯也曾说过："对什么都热诚的人，做任何事都会成功的。"当然，也不可以一概而论。如果一个人完全没有音乐天赋，是不可能成为一位音乐大师的，不论他如何投入和刻苦努力。反之，凡具有相应的天分，同时又有切实的人生目标，并富有热诚的人，不论他从事什么工作都会有所收获的，精神的或物质的都一样。

即便是需要高度专业技术的工作，也不可缺少这种热诚的态度。诺贝尔物理学奖获得者、雷达和无线电报发明的重要参与人亚皮尔顿·爱德华有一句发人深省的话，《时代》杂志曾经加以引用："我以为，如果一个人希望在科学上有所成就的话，热诚的态度比专业知识更加重要。"

如果这句话出自一个平民百姓之口，很可能被当作一句傻话，但它出自这样一位权威人物之口可就意味深长了。如果在高技术的科学研究工作中，热诚的态度都如此重要，那么我们的丈夫，这些普通的职员岂不更加需要高度的热诚吗？

弗兰克·贝特格是著名的人寿保险推销员，他的一些话更足以说明以上这一观点。他写的《我如何在推销工作中获得成功》一书，其销量创下了有关推销书籍的最高纪录。下面是他在著作中列出的一些经验之谈：

"那是1907年，我刚转入职业棒球界不久，但却遭受到人生的最大打击——我被开除了。那支球队的经理,因为看我无精打采的样子,有意要开除我。他这样对我说:'你这样慢吞吞的,仿佛是一个在球场混了20年的老手。老实说吧,弗兰克,出去之后,不论你再做什么事情,如果不打起精神热情投入的话,你这辈子就没有希望了!'"

"离开那里之后,我加入了宾州的亚克兰斯克球队,月薪是25美元,比起我原先的月薪175美元少多了。这么少的薪水,我做起事来当然不会有热情,但我决心试试看。大约过了10天,一位名叫丹尼·米亨的老队员将我介绍到了柯莱几卡的新凡队。我至今对此印象深刻,我来到新凡队的第一天,人生就出现了转机。"

"在那个地方,没有人了解我过去是什么样子。我下定决心要成为新英格兰最具热诚的球员。为了实现这个目标,我必须采取一些行动。"

"我只要一上球场,就仿佛浑身带了电似的,使足力气地投出高速球,接球人的双手都发麻了。还有一次,我异常勇猛地冲入三垒,当时都把那个三垒手吓呆了,球都忘了接,我也盗垒成功了。当时的气温高达华氏100度,我疯狂地在球场上奔跑,随时都可能中暑倒下。"

"我这种疯狂的热诚带来令人吃惊的结果,因此产生了这样三个作用:第一,它扫尽了我心中的恐惧感,从而发挥出了自己完全意想不到的水平;第二,由于我的榜样作用,全体队员都被带动起来;第三,我并没有中暑。不论是在比赛中或比赛之后,我都感到从没有过的健康。"

"第二天早晨我打开报纸的时候,真是说不出的兴奋。上面这样写道:'那位新来的球员弗兰克,简直就是一个霹雳球,正是由于他,全队一直兴奋到底。他们不但赢了比赛,而且这场比赛是本季度最精彩的。'"

"正是由于积极投入,很快我的月薪增加了7倍,从25美元升为180美元。随后的两年,我都担任三垒手,薪水增加了30倍。这是为什么呢?没有别的原因,就是因为我有满腔的热诚。"

后来,由于手臂受伤,弗兰克只得放弃他的棒球生涯。接下来,他成为了飞特利人寿保险公司的一名保险推销员。但是,他在最初的一年里业绩平平,于是陷入了苦恼之中。但后来,像当年打棒球那样,他努力使自己热诚起来。

如今,他是人寿保险界的巨星。不时有人请求他撰稿、演讲,讲述成功的经验。他说道:"我进入推销业已有30年了,我看见许多人,由于他们积极热诚的工作态度,他们的收入成倍地增加;也见到另外一些人,由于他们缺乏热诚的态度,因而处处碰壁。我深信成功推销最重要的因素,就是热诚的态度。"

从以上的例证可以得出这样的结论:做任何事的必需条件就是热诚的态度。这一点你务必使自己的丈夫深信不疑。只要具备了这个条件,无论是谁,他的事业必将会飞黄腾达。

鲍勃·克劳斯贝是著名的乐队指挥,当他的儿子被问及其父亲和叔叔克劳斯贝每天的生活情形时,他回答道:"他们一直都在愉快地工作。"

"那你长大之后呢,有什么打算?"人们又好奇地问他。

"也愉快地工作。"年轻的小克劳斯贝不假思索地回答道。

对工作充满热诚的人,都是在愉快地工作。

假如你希望丈夫也有所成就,就应该从今天开始,帮助他树立起认真工作的观念,也就是明白热诚态度的重要意义,然后,帮他按照接下来将要提到的六个规则实行。

06.
六个规则，向丈夫献宝

这里的六个规则非常有效，因为它们被一次又一次成功地应用。因此，你不妨也请你的丈夫来试一试，相信一定能够提高他的工作热情。这六个规则如下：

一、对你所负责的每一项工作，要尽可能地学习其技艺，了解这一工作与公司整体的关系

许多人有这样一种感觉，自己好像只是一架巨大机器上的一个齿轮。这是因为他们不明白自己所负责工作的重要性；同时，也由于他们并不学习与此有关的其他技能，只是天天去做别人要他干的工作而已。

有这样一个古老的故事：两个人在一起工作，有人问他们在做什么，一个说道，"我在砌砖。"而另一个则回答，"我在建一座教堂。"

对一件工作或产品的充分理解，可以增加对其的热情。著名女记者 M·泰贝尔说，有一次，为了写一篇 500 多字的小文章，她花了几个星期时间来收集资料。因为在她看来，那些多余的资料将可以增加自己的实力。由于她所知道的比文章丰富得多，因此她写起来就更加自信，更加轻松。

这个诀窍班杰明·法兰克林小时候就已经懂得了，当时他是一家臭气冲天的肥皂工厂里的小学徒。虽然他对成品所做的贡献十分微薄，但是由于了解整个制造过程，所以他对自己的工作感到相当自豪。

厂家通常将产品的制造过程向推销员做介绍，这些训练对产品的老主顾来说很少有用。不过，对自己推销的产品有个全面了解，能够使推销员在面对顾客时更有热情和权威，从而形成更好的销路。

任何事都是这样，我们知道的越多，就对它越有热情。所以，假如你发现丈夫对他的工作缺乏热情，就该找到其中的原因。极有可能是他对自己的工作并不很了解，或是没有意识到自己对整个工作做出的贡献。

二、制定目标，努力完成

一个人如果立志要成功的话，就必须有固定的目标。首先，他必须清楚自己工作的目标是什么，然后才能够如同一只猎犬那样紧追不舍。一个明确自己目标的人，不会因为挫折而气馁。

班杰明·法兰克林说道："如果一个人想成功的话，就让他确定自己的工作或职业，然后坚持不懈地做好它。"

英国诗人赛弥尔·雷基就是一个应该听取此劝告的人。他因为精力太分散而浪费了自己的才华，所遗留下的大部分诗作都是没有完成的。他生活在一个梦幻的世界之中，常常是似乎可以完成好多事，结果却一件也没有完成过。他死后，查理斯·兰姆在写给朋友的信中说："雷基死了，他留下了一些关于形而上学和神学的论文，但是竟没有一篇完整的！"

与你的丈夫认真讨论一下他对未来的想法，帮助他树立生活的目标和雄心，鼓励他去实现切实的生活目标，抛弃那些不着边际、无法实现的幻想。

三、每天都要勉励自己

这看起来有些孩子气，不过却是一个很好的"热情建立法"，不少成功者都有这样的经历。

卡特本是一位成功的新闻分析家，他年轻的时候，在法国挨家挨户推销东西，每天出发之前，他都要说一番话来激励自己。

魔术大师瓦特·沙斯顿也是这样，他经常在上台前大声喊："我热爱我的观众！"他不停地喊，直到自己血液沸腾起来，然后才上舞台，极力使表演充满活力。

可是，大多数人都在稀里糊涂地过日子。每天早上起床的时候，你要对自己说："我热爱自己的工作，我要发挥我的全部潜力。我活得多么高兴。今天，我要最充实地度过。"

四、培养为社会服务的人生观

古希腊哲学家亚里士多德提倡"利己主义的进化"。对一个一心向上的进取者而言,这的确是个好方法。

一个一只眼睛盯着时钟,另一只眼睛注视着自己的薪水袋,完全只为自己工作的人,不会有不竭的干劲,而且也永远不会获得成功。

为他人和社会服务会使你充满热情。对此有很多例证,许多从事传教工作或者社会服务的人都是极有能力的,但他们并不去选择能够赚取更多金钱的职业。

自私自利的个人主义者,也许能取得一时利益,但从长远来看,终归会失败。因为他们从中得到的快乐,与我们服务他人、服务社会而得到的幸福,无法相提并论。

五、交热心的朋友

爱默生说:"我真正需要的是有个人来激发我的勇气,促使我去做能做的事情。"也就是说,给人以鼓励!

我们无法控制自己丈夫的工作环境,但是,我们完全能够为丈夫找到足以刺激他创造力的朋友。

如果你想使自己的丈夫散发热情,最好的办法就是,让他受到对事情很热情、有干劲的朋友的影响。你的职责就是寻找这样的人,并帮助丈夫和他们进行交往。因为不论哪个团体,都不乏这样的人。然后,你就关注这种交往在他身上引起的变化,从而引出他的人生理想。

另外还有一些建议,那是在《推销的五大原则》一书中,由派西·H·怀登提出来的颇有价值的劝告:"不要与那些缺乏热心、工作效率低下的人交往！"

六、迫使自己热心于工作，于是你就会热心起来

这可不是我的意见。在我出生之前，威廉·詹姆斯教授就已经在哈佛大学提倡这一哲学了。他认为："如果你想得到某种情绪，那就必须像你已经拥有这种情绪那样行动。只要你装成自己已经拥有这种情绪，你就会真的拥有它。因此，如果你想得到幸福，你就去幸福地工作；假如你想要痛苦，那就痛苦地工作吧；如果你要热心，去热心地工作就行了。"

《我如何在推销工作中获得成功》一书的作者弗兰克·贝特格认为，每个人都可以应用此原则来改变自己的一生。很显然，他对此是深有体会的。

第二章　没有谁是天生的好命女人，
　　　　会经营是根本

01.
看准丈夫的"正统"职业

　　珍·威尔斯既漂亮，又是一笔巨额遗产的继承人，大家都认为她可以嫁个好丈夫。1826年，她嫁给汤姆·卡莱尔，她的许多朋友都在背地里说，她断送了自己的幸福。汤姆·卡莱尔没有一毛钱，虽然非常聪明，富有才华，但相当顽固而且不合时宜，看不出有什么可以预期的前途。

　　现在，珍·威尔斯的婚姻，以及她那苏格兰血统的冷峻丈夫，已经成为一个传奇了。她看着自己的丈夫成为与《法国革命》《克伦威尔的一生》等古典文学的作者齐名的著名作家，在伦敦受到了偶像化的崇拜，并且被推荐为爱丁堡大学名誉校长。他们在查登尔西斯的家，已经成为了文学天才的聚会所。

　　珍本来也是一个才华出众的诗人，但是，为了能更好地帮助丈夫，她放弃了自己的写作，和丈夫来到一个偏僻的苏格兰乡村，以使其能不受干扰地写作。她自己在家里缝衣服，甘心做一个俭朴的家庭主妇。丈夫的慢性胃病需要她照料，他心中的郁闷需要她抚慰。当丈夫的书引起世人注意后，她就与那些欣赏丈夫才华的人交往。她也很能忍受那些美丽女人对丈夫的倾慕，因为她们能够提升丈夫作品的关注度。

不过，她最令人敬佩的是，从没想过要改变丈夫的个性。她在一封很有名的信里写道："……我并不鼓励每个人变成同一个模式，相反，我宁愿在每个人的四周画个圈，劝告他不要走出圈外，而要尽力将圈内独特的个性发挥出来。"

如果是其他女人，大概会设法改变卡莱尔先生个性中一些不随和之处。自然，这也是为了他好。可是，珍却是一心想着如何发挥他的个性。她喜欢丈夫的本性，也希望世人能够接受他本来的样子。

的确，帮助一个男人认识自己的能力，与强迫他做超出自身能力的事，这两种态度之间有着微妙的差别。要知道男人的能力有个限度，不要逼他去做超出能力的事情，一个女人应该认识到这一点。

对珍而言，她并不想把自己独特而富有天分的丈夫改造成一个彬彬有礼的社会名人。她很尊重卡莱尔的独特个性，因此，她只是守候在他周围，而不是把他推到"圈圈的界限"之外。

未必所有太太都能这样明理。许多先生因为被迫去做超过能力限度的事情而变得神经衰弱，而通常的原因是他的妻子野心太大。许多在低阶职位工作的人，生活也很快乐。如果硬逼着他们去争取高位，只会使他们患上胃溃疡或过早死亡，因为超强的压力和责任使他们的神经系统难以负荷。

　　欧里森·S·史威特·马丁说:"一个一流的挑夫,比任何行业的二流角色要更好。"成功的意义,就是能够把适合自己志趣、体力和品行的事情做好。

　　成功人士的衡量标准并不在于成为一名将军或是董事长。那些人生目标不是获取高位的人,往往被看作不求上进,我们都太看重地位和头衔了。因此他的妻子感受到社会的压力,必然会给他以刺激。他不但要在社会地位和经济收入方面追上某些人,而且还要超过他们。

　　我认识这样一个女人,她为了使丈夫能够成为一个白领努力了多年。结婚的时候,她的丈夫是个能干的水管工,活得很快乐。但是,她不愿看到朋友们的丈夫都提着公文包上班,而自己的丈夫却带着一个便当。所以,她就开始干涉他的工作了。

　　为了使太太满意,这个原本很快乐的家伙鼓起勇气到一家大公司去谋职。亏得他的太太指教,几年下来他好歹升了几级。如果他继续当水管工的话,收入会更高一些。现在,他已经放下螺丝刀改拿笔杆了,而且太太也觉得很有面子!但是,他却是一个对工作十分厌烦的普通文书,从工作中难以得到乐趣。不过他的太太倒是乐于在女伴们面前宣扬,自己如何把丈夫从工人阶级推了上来。

　　强迫一个男人谋求高位,硬要往上去挤,只能使他备受委屈,去从事自己并不喜爱的工作,甚至会迫使他离开合适的工作。不错,放弃一份能够胜任的高位,需要很大的勇气,然而,升级并非总是带来好运!

克利夫·休斯曼服务于檀香山警察局,家住海登街3259号。小女儿出生后不久,他被调到新的单位。虽然收入有所增加,但同时压力也加重了,而且需要增加工作时间,这样他将无暇照顾太太和孩子。但是,他接受了调职,同时准备竭力做好这份工作。

从外表上看,他过得还不错,但是,不久后他就开始失眠、脾气暴躁,人也消瘦了。后来,他只得去看医生。医生是他的一位朋友,可他在他身上找不出任何毛病。经过一番长谈之后,医生相信他的病来自工作上的麻烦。于是,医生给警察局局长打电话,对他讲如果休斯曼长此下去,会倒下的。如果不将他调回老岗位,警方就要失去一个好干部了。

休斯曼被调回去了,他的身体很快就恢复了,吃睡也恢复正常,心情自然也愉快了。休斯曼说:"我从中得到了一个教训,就我而言,能够做自己喜欢的工作,比领取高薪更重要。胜任工作、健康、满足,比金钱重要得多。"

当然,休斯曼很幸运,能够及时发现这一点。但并非所有人都有这种机会,他们糊里糊涂地生活,以致追悔莫及。

只要读过约翰·P·马卡特的小说《没有退路》,就会记得书中那个社会,不论生活的哪个方面,学校、俱乐部、衣服和生活方式,"正统"都比个性重要。那个妻子不断地逼迫她的丈夫，要他在阶梯上一级级地往上爬，以满足她的虚荣心。丈夫虽然对此并不热衷，但还是遵从妻子的计划，最后想回头已经晚了——那时，他发觉自己已经陷入一个与他本性相悖的社交圈里无法动弹了。

不切实际的野心可能造成严重的后果。我注意到有一期《时代周刊》里的标题是这样的："美国官员死于他的野心"。

一位41岁的白宫官员上吊自杀了，正如警方所说，他是由于"野心受挫"而死。负责调查此案的警方说，自杀者一直想做个外交官，但是，在对外服务考试中，他连续三次都失败了。

要满足于从事我们能够胜任的工作，否则会害了我们自己，或者我们的丈夫——不要去谋取超过我们能力的成功。

《如何停止谋杀你自己》是彼得·史丹克博士的著作，他在书中对那些过分强求丈夫的妻子进行谴责。她们要求丈夫马不停蹄地奔跑，以求在财富、名声和生活水准上超过她们的邻居。

史丹克博士说："这样的女人天生就很势利，也可能是后天影响所致。总之，许多家庭的幸福被这些野心家毁了。"因此，不要强迫我们的丈夫一定要符合我们所认定的"成功"的模式，应该容许他们发挥独特的个性。

在《生活的艺术》一书中，恩特莱·莫洛说道："一个政治家不可能赢得每一次革新；一个作家不可能擅长各种写法；一个旅游家不可能走遍世界上所有乡村。"

总而言之，一个人对不适于自己的要求，应该坚定地拒绝。

假如你真的希望自己的丈夫取得成功，就请你爱惜他，鼓励他，配合他的工作。不可硬逼着他去从事并不适合自己的职业，应该让他自由地发挥其才能。

02.
让丈夫愉快地吹着口哨出门

查斯特·威尔德曾经说:"任何人事实上都是两部分的组合:一个是现实中的他,另一个是他理想中的自己。"一个怯懦的人,就希望自己勇敢些;一个孤僻的人,会常常想变得受人欢迎;那些渴望毫不畏惧者,多半是缺乏自信的人。

帮助丈夫成为他理想中的那个人,这就是作为妻子的职责。不要指责他、挑剔他,也不要拿他来和其他人相比,更不要逼他做难以胜任的工作,应该给予赞赏、鼓励,为他撑腰打气。

玛丽·威尔森这样写道:"当一个男人受到妻子的夸奖,听对方说'你真不简单!你真是我的骄傲!嫁给你是我的福气!'这类话的时候,没有人不是意气风发、劲头十足的。"

这一说法十分真实,许多杰出的男人都可以为之证明。例如,住在田纳西州洛克斯维里城西狄柏街 209 号的鲍伯·派克斯先生,他是派克斯货运的创办者。

在给我的信中,派克斯先生写道:"我坚信,一个男人不但能够成为他理想中的自己，而且也能够成为他太太所期望的人。在多年的事业中，我用过很多人，但是在把一个责任重大的职位交给他之前，我首先要和他的太太谈话。因为在我看来，妻子的为人处事，以及她热心鼓舞丈夫的程度，决定着一个男人事业的成败。我就是这样的一个例子。"

"在嫁给我以前，我太太可以说应有尽有——父母的宠爱、良好的教育、富裕的家庭。而我没有钱，受的教育很少，也没有可以运用的资产。除了她对我的信任以及内心有个闯天下的欲望之外，我可以说一无所有。"

"我们婚后的头几年，生活相当困苦。但是她的体谅和对我的不断激励，使我敢于面对失败与挫折并继续奋斗。"

"我的这一生，如果有什么成绩，那都要归功于我妻子始终如一的支持和协助。前几年，她身染重病，但并没有因此而消沉，她仍然一心想着怎样帮助我。每天早晨我出门的时候，她都会问我：'鲍伯，今天有什么事要我替你办吗？'而我回到家里的时候，她就会听我讲这一天的情况。我在心里祈祷着，永远别让她失望！如果有什么问题，在公司里老板会直率地告诉我。但是回到家里，在餐桌上、在卧室里的时候，妻子会给我以勉励，相信我能够获得成功。如果有的妻子总对她的丈夫说：'无论如何，你都没出息了！'那只不过会使这句话更快成为现实罢了。"

然而不幸的是，生活中有些女人并不像派克斯太太那样，她们一心只想强求丈夫超过本身的能力范围，马上变成她们希望中的完美形象。这种女人渴望快速过上富有、逍遥、高档的日子，希望不久就能住上别墅、开上宝马、穿着名贵的衣服、出入于各种豪华场所……可是，事与愿违的是，由于她们不切实际的欲求，她们的丈夫却永远也无法满足她们的需要。促使男人进步的方法，不是要求他，而是不断地鼓励和赞赏他，这也是一个聪明妻子常见的行为。

如果一个明智的女人说出一些经过选择的话，往往能够改变一个男人对自己一生的评价，从而使他的生活焕然一新。汤姆·科斯顿就是一个很好的例子，这个年轻人是第二次世界大战的退伍军人，住在曼彻斯特城的蒙特街300号。他在战争中受过伤，一条腿有点残疾。可是很幸运，他仍然能游泳，这是他最喜欢的运动。

出院不久后的一个星期天，他和太太到罕布顿海滩去度假。在冲浪运动之后，科斯顿先生躺在沙滩上晒太阳。不过，他很快发现游客都盯着自己，他知道自己满是伤疤的腿太惹眼了，从前他可没有在意过这一点。

后来的一个星期天，当太太再次提议到海滩去度假时，被他拒绝了，他说宁愿留在家里也不去海滩。他的太太很清楚，她说："汤姆，我知道这是为什么，你对自己腿上的疤痕开始产生错觉了。"

科斯顿先生说道："我承认，我一辈子也不会忘记她接下来向我说的话，因为正是这些话使我心里充满了喜悦，并且同意和她一同去海滩。她是这样说的，'汤姆，你腿上的疤痕是你勇气的标志。它们是你赢得的光荣，为什么想隐藏起来呢？记住，你是在战斗中得到它们的，要大大方方地带着它们。好啦，我们现在一起游泳去。'"

汤姆·科斯顿随她去了，他清楚太太已经为他消除了心中的阴影，他的生活将会更加光明。

有一年春天，波士顿的商会经理俱乐部主办了一个推销讲座，前来参加的推销员和营业人员大约有500名。他们组织了一个特别节目，介绍了一些能够鼓舞丈夫变得更加智慧，从而取得更好业绩的方法。

大卫·鲍尔斯博士是其中的一位演讲者。他就是《迈向新生活》一书的作者，同时也是营销顾问和西包尔斯协会会长。他极力要求太太们早晨送自己先生出门的时候，务必使先生们充满信心，最好是愉快地吹着口哨出门。如果她确实希望先生能够提高销售量和薪水的话，怎么办呢？那就让先生觉得他已经是自己所理想的那个人就行了。

"即使他对服装完全没有什么品位，也要夸赞他是多么潇洒帅气。恭维他的风度，赞美他领带的花样，而对他前天晚上在宴会上失态一事绝口不提。对他说，你相信他会征服所有顾客，这样一来他一定能够真的做到！"

鲍尔斯博士是一位杰出的营销顾问，既然他对这种方法的效果深信不疑，为什么我们不试试看呢？毫无疑问，我们将会得到一个更加热情、更加快乐的丈夫，这多么值得去努力啊！社会上那些神奇的转败为胜的例子，大多是被一些赞赏之言促成的。

太夸张了，是吗？让我们再看一看艾利·卡柏森的例子，他是一位杰出的桥牌手。他的太太有一次对我说，1922年，她丈夫刚来到美国的时候，尝试过很多事情，结果都失败了。那时他作为桥牌手，可以说是最差劲的。但是，他的命运很快改变了，因为他娶了一个名叫约瑟芬的桥牌老师。她说服了他，使他相信自己深具桥牌潜力！在太太的鼓励下，他终于选择了桥牌作为自己的事业。

确实，真诚的赞赏和激励，能够促使男人发挥出其最大潜力，这个方法值得一试。因为终有一天，我们会失去两个丈夫中的一个，而留住另一个——那个他理想中的自己！

03.
爱就是"我愿意听你说"

1950年12月，皮尔·琼斯决定自杀，他从芝加哥一栋大楼的五楼楼顶跳了下来，因为他感到忧郁和害怕。由于急于扩展，他那曾经兴盛的事业陷入危机之中，他的支票在银行里无法正常兑现，他正面临债权人的催逼。最糟糕的是，他没有勇气告诉太太这场灾难。他的成就一向是他太太的骄傲，他感到害怕，这个残酷的事实将会把她从天堂打入痛苦绝望的深渊。

就这样，他被自己的困境逼到了仓库的屋顶。他稍微犹豫了一下就跳了下去。他撞破二楼窗台上的遮阳篷，跌到人行道上。如此看来，他是彻底完蛋了。但是，令人难以置信的是，他只摔破了一只大拇指的指甲！更有意思的是，他撞破的那个遮阳篷，是唯一付清贷款属于他自己的财产。

当他清醒过来，十分庆幸地发觉自己还活着。他从前的所有烦恼都被这个奇迹冲散了。在几分钟前，他还感到自己的生命毫无价值，现在却为还活着而感谢上帝。他立即跑回家，把事情告诉了太太。他的太太当然很惊慌，但那是因为他从来没有把自己的麻烦告诉过她。很快，她平静地坐下来，开始为解除他的危机想办法。皮尔·琼斯现在可以放松心情，为解决麻烦进行一些积极思考了，这是几个月以来没有过的。

在积极心态的鼓励和支撑下，皮尔·琼斯付清了所有的欠债，现在又再次拥有了自己成功的事业。重要的是，他学会了同太太一起面对生活的困难。很可能，当时皮尔·琼斯只是因为不知道太太能和他一同渡过难关才决定自杀的。

这个真实的故事表明，如果丈夫对自己的太太缺乏信任，其责任不完全在太太身上。有些男人和皮尔·琼斯一样，认为让太太为自己的事业操心有伤男人的自尊。他们想成为一个这样的大男人：永远只带给太太美好的东西，他们带回家的始终是成功的荣耀和上等的毛皮大衣。一旦事与愿违，他们就想方设法隐瞒事实，以免让太太的小脑袋里装满惊慌和不安。他们以承认自己的弱点为耻，可他们没有想到，真正聪明的做法是同太太一起来面对这些难题。

不过，更常见的现象是有些丈夫非常渴望向太太倾诉他们的困扰，但他们的太太却不愿意听，或者不知道怎样去听。

《福星》杂志1951年秋季版，发表了一篇《现代企业家夫人评论》的研究报告。其中引用了一位心理学家的话，他说："一个太太能做的一件最重要的事，就是让先生将办公室里难以发泄的苦恼向她倾吐。"

那些被誉为"安定剂""共鸣板""防哭墙"和"加油站"的女人，就是指能够尽到这个职责的妻子。

这个调查报告同时还指出，男人需要的不是劝告，他们要的是积极、灵巧的倾听！

只要曾在外工作过的男人，都会有此体验——无论当天发生的事情是好是坏，只要回到家里能找个人倾诉一番，就是很好的安慰。因为在办公室，人们并不常有机会表达自己的意见。即便事情很顺利，我们也不会在那里畅怀高歌；如果我们碰上了麻烦事，同事也会没有心情听你讲这些，他们自己已有太多的困扰。因此，当我们迈进家门，就有一种渴望把自己内心的积郁一吐为快的愿望。

但通常是这样的情形：

杰克欢呼雀跃地跑回家，上气不接下气地说："老天爷！梅，今天真是个伟大的日子！他们把我叫进董事会，要我就我写的那份区域报告向他们进行讲解，还要我说出自己的建议，所以……"

"真是这样吗？"梅心不在焉地说，"亲爱的，那可好极了。快来尝尝我做的酱牛肉。还有，我是不是告诉你早上有个人来修理火炉了？他说有些地方应该换新的了。等吃完饭，你过去看一看！"

"那当然了，亲爱的。噢，我刚才是说，老苏洛克蒙顿要我向董事会做出说明。开始我太紧张，不过还算幸运！我引起了他们的注意,甚至连比理斯都激动起来了。他……"

梅打断道:"我说嘛,他们还不够了解你,对你也不够重视。杰克,你得跟儿子谈谈他的学习!今年,这孩子的成绩太差了,老师说只要他肯用心,一定能念好。可是,我实在没有什么好法子!"

这时候,杰克发现在这场争夺发言权的战争中,他已经失败了。于是,他只能将他的洋洋自得和着酱牛肉一起吞进肚子里去,然后去完成关于火炉和儿子学习的任务。

难道梅这样自私,只满足于自己的问题有人听吗?不,其实她和杰克一样,都有找个听众的基本诉求,只是很可惜,她把时间弄错了。其实,只要她认真听完杰克在董事会里得到的赏识,杰克就会非常乐意听她谈家务事了。

那些善于倾听的女人,不仅给了自己丈夫最大的宽慰和纾解,同时也拥有了一份难以估价的社会资产。一个真诚、沉着的女人在和他人谈话时能专注投入,并适时地发问,显示出她已经领会了谈话中的每个字,这样的女子在社会上是很容易成功的,不仅在她先生的朋友之间能取得成功,而且在她自己的圈子中也会大受欢迎。

狄克·杜摩里是一个才华横溢的人,他这样描述一个懂礼貌的男人:"即使是一个门外汉在他的面前吹嘘他最清楚的事情,他也会饶有兴趣地倾听。"这个原则也适合于女人。当然,有时候一些人唠叨个没完,也会把善于倾听的人搞得很厌烦。不过,通常情况下，灵巧的倾听都会获得许多有用的知识。

在《纽约前锋论坛报》的一篇文章里，女演员玛娜·罗伊写到，当她接任联合国教科文组织代表的工作后，她的口号就是"听讲和学习"。她说与那些来自不同国家的代表交谈，大大增加了她对这些国家的了解。

罗伊小姐说："有很多时候，你必须克制自己想开口的冲动，或者忍受无聊的话题。但我觉得被认为是一个好的听众，总比喋喋不休地令人生厌要聪明得多！"

那么，怎样才能成为一个真正的愿意听丈夫说的"好听众"呢？一个好听众至少要做到下列三件事，也就是必须具有三个条件：

一、不只用耳朵，而是用眼睛、面容及整个身体

所谓"专心"，其意思是指全部机能的集中。想想看吧，你如果对那些眼睛东张西望、手指散漫地敲着椅子，并且把身子斜对着你的人讲述事情会是什么样的滋味？如果真正热心地听人说话时，我们就会身子稍微前倾，望着对方的面孔，脸部的表情也会有相应的反应。

玛丽·威尔森是一个公认的极有魅力的人物。她说："如果听众没有反应的话，没有人能把话讲好。所以，如果你被说话者打动了，就应该有所表示——就如你的心弦被震动了一样，你就该稍微动一下身体。"

如果想要成为一个好听众，首先要显得我们对谈话很感兴趣，因此，必须训练我们的身体，使它表现得灵活机敏。你是否注意到在洞外守候老鼠的猫，它的表情是多么动人，它就是最好的老师。

二、用询问来诱导对方答话

所谓用询问来诱导对方答话，是一种把自己所期待的回答，巧妙地暗示给对方的技巧。如果直截了当地询问，有时候会显得莽撞无礼，惹人嫌恶，但诱导性的问话却能够激励对方，推动谈话继续。

单刀直入的问法是："对于劳工和主管的问题，你将怎样处理？"

诱导性的问法则是："史密斯先生，你不觉得让劳工和主管在一定范围内相互谅解是很可能的吗？"

任何一个想要成为好听众的人，都必须掌握说富有诱导性问话的技巧。如果你想聆听丈夫的谈话，而且并不直接提出他不想听的劝告，这种技巧是不会失败的。我们只需要这样来发问："亲爱的，你看扩大广告量是可能增加销路，还是一种冒险的尝试呢？"这样的询问并没有提出正面的劝告，但常会收到想要的结果。

在面对一个陌生人的时候，正确的发问能够克服羞怯心理，并且能打破沉闷的局面。不论是谈论足球、天气，或者某人的疾病，总不如打开话匣子谈自己的想法来得投入，因为一个话题可以引导出另一个话题。

三、永远别忘记要保守秘密

有一些男人不愿意和太太谈工作问题,其原因在于:他们不信任自己的太太,因为她很可能在不经意之间就把这些事泄露给朋友或美容院的人。他们随意讲给太太听的事,一进入她们的耳朵就会从嘴巴里出来。"等维基先生退休之后,我家约翰希望能接替经理的位子。"这样的话在桥牌桌上随意溜出了口,不想第二天维基的太太就从电话里知道了这件事。结果约翰就在莫名其妙的情况下被暗中挤掉了。

曾经有位总经理对我说,他和家人谈论的有关公司的事情,不想竟然会在他的部属中间流传开,结果使他们丧失了信心。

"我可不想在超市或酒会里谈公事。女人真是太多嘴了!"甚至还有一些女人,喜欢在争论中搬出丈夫说过的话来打击他!

"现在可好,你说我买衣服浪费太多钱,就只有我一个人奢侈吗?'我们不能因为一纸婚约,就买下那些过量而不必要的剩余物品。'这难道不是你自己亲口说的?"

只要这样的场面发生几次,她先生就不会在她面前谈自己业务上的困扰了。因为她的先生终于看清楚一个事实:自己不过是授予了太太一些打倒自己的把柄而已!

可见,如果一个妻子想成为一个善解人意、善于倾听的人,那么她其实不必去探听丈夫每一个细微之事。只要妻子能时时关心他,对他的工作感兴趣,并在发生困难的时候给予支持,做丈夫的就心满意足了。

我认识的一个会计师，他的妻子对于会计简直是一窍不通。但是，这个朋友却说："我什么都可以对她说，甚至公司里的技术性问题都可以跟她说个痛快，而且她好像完全能够领悟似的。我知道一回到家里，在她的身边坐下，她将会耐心地听我讲述这些事情，这是多么奇妙而幸福啊！"

确实是这样，如果一个女人有一双敏感而训练有素的耳朵，她将会更加可爱，将使她的脸孔比特洛伊城的海伦还要美丽，而且她的丈夫也会从中得到莫大的益处。

04.
你的态度决定他的高度

你的丈夫是否已经做好了晋升的准备？如果还没有，他该努力做什么呢？你作为妻子又该怎么办呢？

每个人都希望在工作 5 年或 10 年后能够提升。但是，这种担当高位的能力并非一进入社会就已经具备，必须在工作中不断学习，从专业的培训和经验中培养。

社会学家华纳这样说："每个人都能'成功'的信念是美国的理想，而教育是一个人取得成功的主要方法。"并且还说道，"一个经营者，必须利用各种方式提供提升的机会，包括人事考核、培训计划及晋级规则。"

许多公司都有为职员提供培训的计划。还有一些公司，以升级的方式奖励那些富有进取心和创造力、在工作之余进行自修和自费培训的职员。

很多有名的人物都是因为善于刻苦用功才取得成功的。著名的数学家查尔士·佛洛斯特本来是一名鞋匠，因为他每天都挤出一个小时的时间来学习，终于获得了成功。约翰·韩特现在是一位极权威的学者，但是原先他却是一个木匠。在工作之余，他进行比较解剖学研究，每天只休息4个小时。银行家约翰·朗布克爵士的业务十分繁忙，但是他利用休闲时间进行研究，终于成为了著名的史前学专家。火车头的发明，是乔治·史蒂文森在担任机师夜间值班的时候，研究数学的结果。蒸汽机的诞生过程也是如此，它是詹姆斯·瓦特一面从事修理工作，一面研究化学与数学的结果。

如果以上的这些人只满足于他们的生活现状，那么将是社会的莫大损失！在这个竞争激烈的社会中，只是领取薪水而不再努力学习的人，注定不会成功。

如果丈夫努力争取升级，潜心于学习研究，妻子应该怎样配合他呢？首先必须知道，妻子的态度对丈夫的学习工作将会产生很大的影响。

以丈夫上夜校为例。那些每星期用两个到五个晚上的时间到夜校去上课的人，无疑是极有抱负的人，而且是个想在自己的工作上或者他预期的职业上出类拔萃的人。在这段时间，妻子首先应该学会如何独处。她必须适应一种孤单的生活，同时尽量填补这个空当。否则，因为妻子不快乐，丈夫就无法安心学习，结果会因为太太抱怨寂寞，而影响到他学习的效果。这种女人对丈夫的失败是要负部分责任的，虽然她们并不知道他为什么不成功——因为正是她们才使得自己的丈夫无法全力以赴地去追求成功。

这样的女人实在应该仔细观察周围的社会，这样她们就会了解，那些成功者并非天生具备那种能力——他们必须不断地学习，获取知识来增强他们的能力。有些男人在结婚以前就有了这些才能，但是为了跟上时代的潮流、适应新的规则、熟悉新的环境，婚后还是需要不断学习和加倍努力。

固然，并不是谁都能够出人头地——在这个世界上，有些人不得不去从事他并不情愿的工作。但是，只要他能够坚持训练自己，提高生存技能，他就不会长久停留在低下的工作中。只要坚信这一点，就会生出奋斗的勇气。

有一个年轻律师的故事，可以说是一个很好的例子。他叫霍威奇，住在俄克拉荷马州尔沙市北波顿街1619号。因为没有受过专业训练，他曾经靠挖壕沟维持生活。刚踏入社会时，他在一家贸易信托公司做小职员，后来他移居到俄克拉荷马州的马歇尔市，在协和石油公司做事。这时候，他爱上了少校的女儿爱芙琳·英格，并且和她结了婚。

但是不久，经济危机爆发了——霍威奇和许多职员一样被解雇了。他的经验和受到的工作培训还远远不够，除了担任一般的书记工作，他无法从事其他的职业，而那个时候这种人员又是供过于求。于是，他只能勉强接受他所能够找到的唯一工作——在石油管工程挖壕沟，薪水少得可怜。

这个故事当然没有就此完结，后半段是这样的：

"我想改变自己的生活，经营一个小型高尔夫球场，我太太也到一家店里去工作，因此我们的日子还算过得去。后来，协和石油公司恢复了我的工作，转到俄克拉荷马州的杜尔沙市办理与投资相关的文书工作。这实际上是一份会计工作，但是我对此却一窍不通！"

"怎么办呢？唯一的出路是学习！因此我就到俄克拉荷马法律及会计学校去上夜课。这是我所做过最为明智的选择，因为这时我才意识到可以利用晚上的时间来学习，以弥补我的不足。"

"经过3年的刻苦努力，我不但学到了知识，而且薪水也增加了。于是，我又到杜尔沙大学夜间部的法律系学习，4年后我得到了学位，后来我又通过律师考试，成为了一名合格的律师。"

"不过，我并没有满足，决心取得会计师资格，于是又回到夜间部上课。在对高等会计进行了3年的研究之后，我又开始学习演讲。重要的是，经过这些年的夜间教育，我的薪水已经是12年前挖壕沟的12倍！"

如今，霍威奇先生除在自己的律师事务所执业之外，还在俄克拉荷马法律及会计学校讲课。他的成功之路，任何一个愿意付出时间和努力的人都可以重演，只要他的太太能够密切配合。白天工作，晚上学习，连续几年坚持不断，做到有始有终，这不是件轻松的事。每个人都需要家人的鼓励与支持，因为在奋斗的过程中，厌倦和失望也同时相随，还常常会因对这些努力产生怀疑而痛苦。

当然，作为妻子也很不容易，尤其在刚结婚的那几年，正处在调适一切的时候。像这样做一位夜校生的"寡妇"，应该怎样排遣孤独呢？

最好的办法是给自己也制订一个学习计划。如果可能的话，最好和丈夫共同参加学习，这样可以更有效地帮助丈夫学习。她可以学习一些相关的课程，以补充丈夫的知识；或者学习一些自己喜欢的功课，这样既可以从中得到乐趣，还能够扩展自己的兴趣。

总之，如果夫妻两人能够一起读书，必定很有趣味。

对于那些需要照顾孩子的女士，这样做将会很辛苦。不过这些女士也不能在丈夫刻苦学习的时候，让自己的脑袋空空如也。她可以在小孩们上床以后，自己在家里看书或者到附近的图书馆去阅读、学习。

有一次，我的丈夫在博物馆向一位管理鲸鱼陈列的人请教：如果每星期花上三到四个晚上，用来阅读他所能得到的与鲸鱼相关的书籍和文章，一般人需要多长时间能够成为鲸鱼专家？这位管理员回答，如果这样去做，他三个月后就会对鲸鱼有相当充分的认识；在六个月之后，就能够成为一个鲸鱼专家了！

也许，你对鲸鱼没有兴趣。不过，在这个世界上总会有你想要了解的东西吧。假如你丈夫正利用他全部的休息时间来改善自己的人生，那么你无权为自己的孤单感到难过。你应该有效地利用这些时间,因为它对你也是个机会。

如果你们的经济状况只够负担你丈夫的教育,你也不必为此沮丧。因为,我们的国家拥有一个全世界最大的公共图书馆系统,只需一小笔手续费,填一张借书卡,无尽的人类智慧就等待着我们去探索了。

教育并不仅指四年大学时光,或者再加上一些知识训练。人生需要具备广博的学识,因此必须不间断地学习。如果你的丈夫希望具备这样的素质,就必须通过各种方式继续努力;至于你也一样。丈夫的学习目标,依他的工作性质和他对未来的期望而定;那么你呢,完全可以自由选择。

总的来说,妻子必须十分清楚,想要成功就必须努力进取、刻苦锻炼;与此同时,妻子必须毫无保留地支持自己的丈夫。至于说为此花费的时间与金钱,那正是你们对家庭幸福的投资。

如果妻子开始怀疑丈夫长时间业余学习的价值,以为付出这样的代价既无乐趣,又无享受,孤单寂寞,究竟有什么必要呢?这时候,她最好这样想:一切奋发上进的人,都难免要付出这样的牺牲;而一旦获得成功,现实将会加倍报偿你的。

你不相信吗?请看以下的这些人吧,他们都获得了美国大学及学院联合颁发的贺修·亚尔杰奖。他们是:前任总统赫白·胡佛,一名爱荷华州铁匠的孤儿;华道夫·亚司特利董事会主席亨利·克依上校,曾经是一个电话接线员;IBM 公司董事长华特生,他当图书管理员的时候,每月只有两美元的薪水;

现任史都德贝克公司董事会主席保罗·G·霍夫曼先生，曾经干过挑行李的脚夫。

你的丈夫也应该抓住教育机会，提高他的能力，这需要你的大力支持和鼓励。

聪明的男人，都会尽力扩展自己的知识和素质。欧尼斯·罗吉斯是美国驻联合国大使，有一次在宴会上他对我说，为了能更有效地处理收到的大批信件，他参加了一个夜间速读班。

因此，假如你丈夫还在做"学生"，对此你应该感到荣幸，并且鼓励他继续坚持下去。这样将会增加他成功的机会。哈佛大学最伟大的校长之一，A·劳伦斯·罗威博士曾经说过："一个人要自动使用他的脑子，这是训练人的唯一方法。你可以给他以帮助、引导、督促乃至暗示，还可以激励他；但是，只有通过他自己的努力所获得的能力，才真有价值；他所付出的努力，必然和他所得到的成果成正比。"

05.
男人都是好面子的

很多女人都会感慨，结婚以前和结婚以后生活发生了很大的变化，心理上也会不自觉得跟着变化。比如，结婚以前，因为担心自己的未来，总是格外地挑剔自己的另一半。可是结婚以后，就开始专心经营自己的这份感情，慢慢地变得宽容和温柔了。其实，这样做是对的。女人就应该在婚前睁两只眼，婚后闭一只眼，对丈夫宽容，给予他足够的心理空间，这样的婚姻才能幸福。

男人在外打拼，劳累、委屈都可以不在乎，但他不能失去男人的尊严。许多女孩在谈恋爱时，她们的男朋友可能会用玩笑般的口气告诉她们，"在人后我听你的，在人前你可得给我留点面子。"确实，男人就是这样好面子的"动物"。所以，女人们只要不违背原则，暂时委屈一下，给男人一点面子又何妨呢？大度的女人更容易获得男人加倍的尊重。

但是，在现实生活中，有些妻子并不了解男人的这种心理，有时候会自觉不自觉地把在家里的威风也带到家外，当众显示自己对丈夫的管束，自以为很舒服。然而，这样做会出现两种结果：一是，如果丈夫当众听命于妻子，丈夫就会感到很狼狈，尊严扫地，使他们成为交际场合中被人戏弄的对象，这自然有损于他们的交际形象；二是，如果丈夫不满她们的指使，做出反抗的表示，又难免产生矛盾，甚至成为家庭矛盾的导火索。总之，不管哪一种情况，结果都是不好的。产生这些后果都与妻子在公众场合下不注意给丈夫面子有关。

聪明的妻子应该懂得在什么场合在什么时候给丈夫一点面子，把握这种分寸的能力可以说是一种艺术。具体说来，有以下几点要注意：

第一，在家里待客时，妻子要注意约束自己的言行，避免使用命令的口吻对丈夫说话，或做其他有损于丈夫威信的事情。

一般说来，在家庭这种特殊场合中最容易把夫妻关系的本来面貌暴露无遗。如果稍不留意就会本能地把不该暴露的言行下意识地暴露出来，使丈夫丢面子。因此，聪明的妻子总是很有分寸地坚持内外有别的原则，决不把夫妻两个人关系的特殊现象拿到他人的面前来，以避免损害丈夫的自尊心。

第二，在交际场合，妻子更要注意自己的身份，把握自己的言行，一举一动都要做得更体面、更洒脱一些，防止把在家的习惯性的做法拿到场面上来让丈夫出丑。

在现代交际中，妻子随丈夫一同参加社交活动是常有的事。

在这时,妻子一定注意不要喧宾夺主;最恰当的做法是,妻子应该做好陪衬红花的绿叶的角色,要尽量表现出自己有教养、受尊敬、与丈夫同心同德、互敬互爱的好妻子形象。不要轻易地为某件事情而大发雷霆,给丈夫闹难看。即便是为了他们好,也应注意自己的方式和方法。

第三,在说话时,妻子不要"臭"自己的丈夫,揭他们的短,把他们搞得很狼狈。

有些妻子在他人面前没有别的话题,专门以说自己丈夫的不是为乐趣,以贬低丈夫的话来显示自己在家庭中的地位,岂不知这样也就把丈夫的面子丢尽了。还有的做妻子的当着孩子的面对丈夫挖苦揭短,结果也很不好,不仅教育不好孩子,也使丈夫在孩子面前失去了威信。

在婚姻中,给丈夫面子,不是让女人委曲求全,而是要给丈夫体面的自尊,这样既有助于家庭和睦,同时女人也会得到丈夫更多的关心和体贴。

06.
尊重他，即使你是女王

女人们在公司、在社会上充当着各种各样的规范化角色，恪尽职守的政府公务人员、精明干练的商场女强人，或者奋战在一线的普通工人，但一回到家里，脱去制服也就脱掉了你所扮演的这一角色的"行头"，即社会对这一角色的规矩和种种要求、束缚，还原了你的本来面目，使你尽可能地享受天伦之乐。假若你在家里还跟在社会上一样认真、一样循规蹈矩，每说一句话、做一件事还要考虑对错、妥否，顾忌影响、后果，掂量再三，那不仅可笑，也太累了。

维多利亚女王和阿尔伯特亲王结婚多年来，夫妻二人相处和睦，但是也有不愉快的时候，原因就在于妻子是女王的缘故。

有一天晚上，皇宫举行盛大宴会，女王忙于接见贵族王公，却把她的丈夫冷落在一边，阿尔伯特很是生气，就悄悄回到了卧室。不久，听到有人敲门，房间里的阿尔伯特很冷静地问："谁？"

敲门的人昂然答道:"我是女王。"

门没有开,房间里一点动静都没有。

敲门人悻悻地离开了,但她走了一半,又回过头,再去敲门。房内人又问:"谁?"

敲门的人和气地说:"维多利亚。"

可是,门依然紧闭。

维多利亚沮丧地站了一会儿,突然意识到了什么,于是又重新敲门。里面仍然冷静地问:"谁?"

敲门的人这次温柔地说:"亲爱的,我是你的妻子。"

这一次,门开了。

尊重和权力是对立的,家庭需要的是尊重而不是权力。如果你在工作中担任部门经理甚至总裁之类的职务,就会习惯于对下属发号施令,让他们做这做那,但你要记住千万不要把工作中的权力带回家,否则你的婚姻将会危机重重。就算你是女王,回到家里你也只是他的妻子。

女人切记,永远不要在男人面前展示你比他强,即便事实上你真的比他强。他永远需要一种处于优势的高高在上的感觉,使自己达到最佳巅峰状态——只有这样你才可以和他打交道。永远不要在其能力范围之外苛刻地要求一个男人,让他束手无策或感到为难棘手的事情最终会给他带来极度恐慌。如果一个男人面临各种窘境和危机,那么他背后的女人的日子也不会太好过,而只会成为最终的受害者。

在现实生活中夫妻仅仅是夫妻,不要被头衔所拖累,在夫妻的二人世界里,不存在高低贵贱之分,不要有任何的优越感,只有互相理解和尊重,彼此关心与照顾,这才是幸福的婚姻生活。

07.
温柔地指出他的缺点

乔治·沃克·布什为美国第 43 任总统,然而年轻时的他,却是一个放荡不羁、追求享乐的花花公子,是他的妻子劳拉用耐心与真爱感化了这位流连于灯红酒绿的"坏男孩",并用贤惠与温柔使丈夫戒掉了嗜酒的恶习,这正是她的成功之处。

小布什曾经是有名的"酒鬼",经常因酗酒而误事。每次在晚宴上,他总会喝很多酒。有时候劳拉不得不悄悄用肘推一推他,提醒他不要再喝下去了,但小布什很少会听劳拉的劝告。于是,她开始恳求他戒酒。最后在劳拉的"循循善诱"下,小布什一咬牙,真的把酒戒了。这也是劳拉·布什很令人尊敬的一点,她以个人的力量帮助小布什改掉了恶习,成了美国总统。

每个人都是有缺点的,当你发现自己丈夫的缺点时,如何避开口舌之争,还能让他心甘情愿地为你做出改变呢?劳拉告诉我们,关键在于女性的言语方式。婚姻中光有爱是不够的,女人还要学会如何表达你的爱意。比如当你想引导你的丈夫改掉某些恶习时，最好以柔制刚，温柔地说出来，这样才能掌握主动，让婚姻在磨合的过程中更亲密、更融洽、更快乐。

其实，要打好这场战争并不需要强大的力量或做出什么巨大的改变，它需要的仅仅是字眼的小小改变，这种小小改变能使你的话语充满神奇的色彩，而最主要的则是调节你的情绪，不要带着火气和抱怨，这才是创造和谐关系的秘密所在。

一、不要用责备的口吻否定他

责备你的另一半的行为不当，你往往会指出做这件事的正确和错误的方法。虽然看上去你的方法可能最好，可事实上它常常是带有你的主观偏好的。葛特曼博士指出："责难会使夫妻感情疏远。"家庭中两个人要做到相互平等，当需要做家务活时，男人们必须抛掉让自己很舒服的想法；而女人也得放弃控制男人完成这件事的过程。显然，做他的顾问比对他指手画脚效果要好得多。

千万不要完全否定他，像"这事你一直就没做对过"这句话要改为"你是做了很多努力，但用这种方式是不是太费劲了"。不要吝啬对他的感激和肯定之词，这会令他乐于继续坚持下去。幸福的夫妻往往建立在彼此欣赏的基础上，学会赞美，哪怕是日常生活中最细枝末节的地方，也不要忘记说声"谢谢"。

二、不要说"为什么你总是不听我说"

如果你说你的伴侣总是不听你的，不仅充满责备而且还夸大了怨气。毕竟，即使是最不虚心的人，对你所说的话也会在意几分。同时，这种全盘否定的说法，把问题的责任全部推到他的身上，而让你自己脱离了所有干系。如果以"这对我真的很重要"这句话作为开场，则会为你打开一扇进行建设性对话的大门。它会令你有机会说出被他拒绝的话，而且提出解决问题的建议。

三、不要随便威胁他

"说得对，我正是要离开你！"这句威胁的话听上去好像很引人注意，但它们往往很危险，而且不给进一步的交谈留一点余地。美国西雅图华盛顿大学社会学教授佩伯·施沃兹博士解释说："你的丈夫可能会对你说'再见'，或者讥讽你不过是做做样子，而这两种结果都是对你的一种羞辱。"就算你确实怒气冲天一走了之，你们的关系也不会就此结束，尤其还要牵涉到孩子的问题。

把那些一触即发的冲动放在心上，毕竟你并不真的想要离开，寻求能就此进行交流的途径。在这种情况下，只要夫妻间的关系还没有破裂，说出真实的感受有助于接触到问题的根本。不过，对于大多数婚姻而言，动不动就用离开来进行威胁，只能随着时间的推移而变成现实。葛特曼博士解释说："这就有点像自杀，总是威胁要离婚的人，会将自己未来的道路一点点地逼进绝境。"当你气急败坏、无法控制自己的情绪的时候，你也只能这么说"那给我一种想要离开你的感觉"。

妻子应该学会用温情的言语对待丈夫。如果你和丈夫说话总是生硬的，或者你的本意也许是好的，可话说出来就变了味，最好改变一下你的表达方式，温柔地说出你的不满，唤回迷失的他，维护好你们之间的感情。

第三章

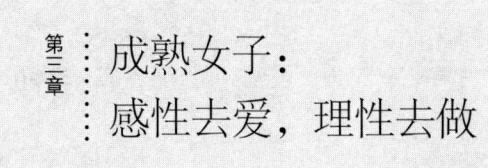

成熟女子:
感性去爱,理性去做

01.
当特殊的工作情况来临时

有这样一个妻子,她的丈夫是一个闻名的管弦乐团的演奏家。他们的音乐会大多在晚上举行,这位演奏家很满意自己的工作,报酬也很高。可是,妻子无法忍受丈夫夜间工作,就强迫他放弃自己所喜爱的职业,放弃乐团的职位,去推销家庭用品。但是这份工作却完全不适合他,而且收入也大为减少,为此他很不快乐。如此一来,不但他的前途渺茫,而且婚姻的质量也降低了。

那些从事特殊工作或是工作时间特别的男人,都需要妻子很好的配合。出租车司机,火车、轮船的驾驶员以及飞行员等所有从事这些职业的人,他们的妻子必须给予配合,这样家庭生活才能得以维持。许多影视界明星都有过婚姻破裂的经历,因为他们为了在那个圈子里取得成功而付出努力,却得不到太太的理解和同情。

那些特殊职业者的太太必须认识到,她们是不能什么都获得的，必须面对自己的现实情况，并且设法在丈夫工作的限制之下，维持家庭生活的快乐。

那些在所谓"迷人"的职业界中大出风头的名人太太，令许多女人羡慕不已，例如作家、电影明星、歌手。16岁的时候，我的梦想是嫁给一个著名的探险家。可是，我们这些人可曾认真地思考过，嫁给这类人，除了穿名牌服装、上镜头之外，还会有更多的负担。

这种事并不那么容易，关于这一点，罗威·汤姆斯的太太可以告诉你。她丈夫奇特的经历，简直可以放入《天方夜谭》的故事中去。像他这样闻名世界的人是很少的，他分别当过新闻广播员、作家、大学讲师、探险家、运动员；他在喜马拉雅山野外度过的时间和在新闻摄影机前面的一样多。

极有才华和魅力的法兰西丝·汤姆斯，能够像变色蜥蜴一样随时改变自己，以适应丈夫的需要。第一次世界大战之后，她和丈夫跑遍世界各地，当时她丈夫在各地讲授阿拉伯的劳伦斯以及艾伦比在巴勒斯坦的战役；而她也没有闲着，一面为穆斯林写祈祷曲，一面担任旅行助理经纪人。

当他们回到美国乡下定居以后，法兰西丝一下就成了最忙碌的女人，招待那些络绎不绝的访客——他们都是极为杰出的人物，包括探险家、飞行家、幸运的军人。周末的来客有时可达数百人，真是门庭若市。

在她丈夫出远门的时候，她就得忍受忧虑的煎熬。例如，第一次世界大战后，德国发生革命，她从报社的电话里得知，自己的丈夫在采访一场巷战时受了重伤；1926年，她丈夫乘坐的飞机在西班牙安达奴西亚沙漠中坠落，而她却在巴黎，只能干着急；前不久，罗威·汤姆斯在西藏旅行，身受重伤，由当地人背负着走了20多天才出了喜马拉雅山。这20多天，她精神备受煎熬，因为她除了知道丈夫身受重伤之外，再也没有什么消息。这种折磨，我们是否也能忍受呢？

这几年来，她唯一的儿子也要追随父亲探险的脚步。因此，她如今还要随时等待儿子的消息——在法军阵地的前哨、毛利族人暴动的肯尼亚、报道着越共战事的中南半岛。

你是否还认为做个像罗威·汤姆斯那样的名人的太太是一件轻松的事呢？这个故事表明：要嫁一个不平凡的丈夫，你必须是个不平凡的女人。

当你在人群中看着游行队伍，可曾想过自己就是那些州长夫人，怀抱着玫瑰坐车驶过欢呼的人群呢？

席尔德·麦凯丁是马里兰州州长的夫人，她说这个身份是非常不自由而且相当有难度的。她的性格文静、温柔，她的丈夫则活跃、健壮，他们可谓完美的搭配。她对我说，自从搬进州长官邸，他们的生活完全改变了，她的丈夫整天都忙于公事，很早就起床，晚上要到半夜才睡觉，以致她很难看到他。

她说只有在陪他外出旅行或是演讲的时候，才能解除这些苦恼："我们发现旅途中所得到的乐趣，比像普通夫妇那样在家里共处得到的更多。激动人心的假期，在旅程中发生的每一件奇妙的事情，都是那么可贵而难忘。"

应该说探险家罗威·汤姆斯和州长席尔德·麦凯丁这样的男人非常幸运，他们的太太不但能够为他们排忧解难，而且不为名声和地位所带来的种种诱惑所困扰。

如果你的丈夫从事特殊的工作，会带来一些不便，那么下列的建议可以供你参考：

假如只是暂时的，那么忍耐一下，高兴点吧！在短时间内忍受一件事情，任何人都是能够做到的。如果这是长久的情景，你只能接受它，同时尽力改善它！不要忘记，丈夫的事业也是你自己的事业。

如果你的丈夫为了成功，必须去做这一工作，那就需要你去成就他的生活。假如因为不适应丈夫的工作而与他分手，这在法律上可以说是遗弃。更严重的是，这还是一种残缺不全的爱情。

要明白，在这个世界上，没有也不会有一个工作是完全快乐的。不论哪一种生活方式，都有它的得失利弊。只会抱怨现实的人，即使在理想的环境里，也没有满意的时候。

02.
男人调职，女人该怎么做？

有的男人经常摇头抱怨，说女人往往不愿意离开熟悉的环境，结果把他们也束缚在一个固定的工作上。佛恩·L·艾略特先生是费城大西洋精练公司的董事，他称这种妻子为"折腾人的小孩"，认为她们是丈夫事业的绊脚石。

另一位董事也对我讲，公司里有一个年轻职员很有前途，但是他的妻子不愿意移居到一个新的环境，结果他只好放弃这个经过努力得来的升级机会。他的妻子舍不得什么呢？原来是她的父母、朋友、教堂和心爱的客厅！

一个家庭在一个地方扎根很不容易，要他们放弃这一切，搬到一个完全陌生的环境里生活，需要很大的勇气。婚姻必须有很好的基础才能经受住这种考验。第二次世界大战期间，就有许多女人无法适应在军营之间不停迁移的劳累，同时她们也缺乏必要的能力，在动荡的环境中维持她们家庭的稳定。

但是，如果妻子具备一定的适应能力，应该很容易克服这

些困难。雷伦多·葛西纳太太住在弗吉尼亚的福克市,她就是这样的妻子。她在刊载于《妇女杂志》的一篇文章里写道:

"两年前,我的丈夫到海军服役。我们离开新装修的家,带着小孩在全国各地到处跑,当时我以为自己太不幸了,这两年的日子将会暗淡无光。我们走进第一个驻防点时,我的心情十分沮丧。"

"现在,我们已经搬过好几次家了,我感到那时候的想法真是太孩子气了!我丈夫就要退伍了,我们正计划定居下来——这当然是我们的愿望。对此我感到多么兴奋,不过我得承认有点伤心,因为即将告别以往的生活方式。这两年来,我过得很愉快,因为我已经适应了在许多不同类型的人群中生活,我已经学会容忍和了解那些思想和作风与我完全不同的人。我也习惯了在希望落空的时候,忽视那些并非很要紧的小麻烦。我深切地体会到,一个家庭的幸福,并不是建立在一大堆器具用品上面,最重要的是要有爱情、体贴和温暖。不论面临什么情况,自己都要尽力去适应。"

如果你必须迁移到一个新地方,离开自己熟悉的环境,你应该记住以下四个建议:

一、不要指望新环境和老地方相同

环境、工作和人一样,没有完全相同的。假如你丈夫的工作不如从前,你也不必灰心泄气,新的工作也许有更多成功的机会。

二、不要为失去习惯了的便利而垂头丧气

只要你努力去做，也许会获得意外的惊喜。

有一年夏天，我丈夫任教于怀俄明大学暑假班。由于当时房子很紧张，我们只好住在一间简陋的房子里，这是专门盖给已婚退役军人及家眷居住的。我承认，当时面对这样的住处，我真是打不起精神来。

不过，正是那段经历成了我生命中最有价值、最值得思考的经验。房子很容易整理，邻居都不乏和善友爱。没过多久，我就为自己起初的嫌恶感到惭愧，因为我看着那些年轻的夫妇们到学校上课，把并不富裕的生活过得有声有色，他们愉快地养育着自己的小孩。就在那个夏天，我们交了很多好朋友，同时还理解到成功与否同人的生活水准并没有必然的联系——只要过得去，生活也是幸福的。

三、先到你的新环境里试一试，然后再做出决定

我有个朋友，她跟随丈夫迁移到一个工业城，这次晋升是她丈夫盼望已久的。但是，她在这个小城里只停留了24小时就收起行李回他们原来的家了！她丈夫增加的薪水只够雇一个女佣，后来她的丈夫不得不申请调回本来的岗位。这都是因为他的太太不去尝试适应这里的新环境。

四、不要依恋过去，要善于利用新的机会

如果你迁移到一个新地方，要努力去结交新朋友，利用各种机会，比如到教堂做礼拜、参加俱乐部、加入各种团体等，把

自己投入到这个新环境中。与其抱怨环境，不如设法适应它！

罗勃特·瓦特森太太家在俄克拉荷马州的杜尔沙市东23街2641号，她的丈夫是卡特石油公司的地球物理专家，因此瓦特森夫妇和他们的四个孩子的行踪遍及全球。他们曾经在世界上最荒远的地区生活过，但是他们始终保持着轻松愉快的心情。这样和美的家庭真是很少见到。

在瓦特森太太看来，家庭是心灵的休憩所。"我随时准备动身；我们家每个人都知道，只要用心去找寻，这世界的任何一个地方都可供我们学习和成长。例如，我们在巴哈马群岛居住的时候，有个潜水冠军在那儿指导潜水。这对我们家的'美人鱼'苏茜可是一个难得的学习机会。她果然进步神速，终于在一次比赛中取得了奖牌。如果我们不去那里，怎么会有这个好机会呢？有一次，一个经理对我提起，他的公司需要派出几名职员到国外工作，不过公司一定要他们的太太同往。根据我的理解，'适应'的最好方法就是在新的环境里利用各种机会获取新知识，而不是抱怨现状或者抱着过去不放。"

总之，搬来搬去有什么不好呢？老待在一个地方不动会发霉的！所以，如果因为你丈夫工作的关系，你们不得不搬来搬去，那么你就应该高高兴兴地跟着他去，并努力尽快适应新环境。

03.
敢于让你爱的人冒险

19世纪80年代,我祖父查理斯·罗伯特在堪萨斯州务农。后来,他打算移居到印第安纳波利斯,尝试一下在这个边界的殖民区能够干出什么事业。于是,他和妻子哈莉把行李放进一辆敞篷马车,带着孩子们就出发了。他们在锡马伦河边定居下来,也就是俄克拉荷马州东北。他首先盖起一座木屋,并开了一片荒地。后来,他借钱在这个小村子里开了一家小店,这儿就是现在俄克拉荷马州的杜尔沙市。

我祖母的生活非常苦,她身体不好,生活条件又艰苦,还要照顾9个孩子。那里只有教会学校的一间房子供小孩子念书,没有医生。他们生活的全部内容就是艰辛的日子、债务、酷热的夏日和冰冷的冬天。但是,查理斯·罗伯特获得了成功,他克服了这些困难。哈莉看到丈夫成为了一个受人敬重的居民,她的儿女全都幸福地结了婚,同时印第安纳波利斯也成为了联邦政府的一个州。

这些地区的发展，依靠的不只是像查理斯·罗伯特这样的男人的开拓精神，同时也得益于像哈莉这样不怕走上另一片未知天地的勇敢妻子。她们信仰上帝，信仰丈夫，并且信仰她们自己的双手。她们勇于面对危险、困苦、疾病和死亡。当她们出发到西部的时候，难道就对她们已经习惯的生活没有怀念吗？事实上，她们会怀念舒适的家、朋友、双亲、财富，以及从前富足幸福的生活。但是，她们还是跟随自己的丈夫来到了这片荒僻之地，我们的历史因为她们而写下了光辉的一页。她们留给子孙后代的遗产，不仅是土地、城市和辽阔的大地，更重要的是坚定的信心和一种不屈不挠的勇气。

梦想着丈夫成功的女人，必须发扬前辈的拓荒精神，必须始终愉快地去帮丈夫做他喜爱的工作，即使他的做法富有冒险性。她必须对丈夫抱有信心，而且毫不犹豫地支持他。只要能够奋不顾身地进取和创造，就不会因为其他的原因而退缩。

我认识一个男人，他为了太太所要求的稳定生活，宁愿做出任何牺牲，终生留在那个他不满意的职位上。

他刚开始是个会计，后来赚够了钱，原打算自己开一家汽车修理厂。这时候他结了婚，而太太认为在买下自己的房子以前，还是不辞掉工作为好。等房子买了以后，接着孩子出生了。他的太太不断提醒他，开创自己的事业要冒多大的风险。日子就这样一天天地过去了。他的薪水足够一家人的生活开支，保险金可以供孩子接受教育，还有必要再去创业吗？一旦失败了可怎么办呢？到时候，在公司里的退休金都可能失去。这都是因为他的太太将他希望进行尝试的一切机会都否定掉了。

现在，他已然是个庸庸碌碌的中年人，对生活充满厌倦，空闲的时间里就修补自己的汽车。他那张失意的面孔好像害病的样子，他的生活没什么可称道的地方，绝大部分时间是在对工作的积怨中度过的，对工作也没有热情、没有干劲、没有野心——这都是因为太太不给他尝试的机会。

如果他放弃了稳定的工作，从事自己喜爱的事业却失败了，会怎么样呢？至少他会因为做了自己想要做的事情而感到满足。如果他从中吸取教训，终将会成功的。

令人欣慰的是，这类妻子并不多。最近开展的有6000名各种年龄、各种阶层的家庭主妇参与的一项调查，其中的一个问题就是：如果你丈夫希望从一个安定但他并不乐意从事的工作，转到另一个能够使他高兴、但待遇较差、没有保障的工作，你是否赞成？结果，只有25%的太太不同意丈夫改行！

查理斯·雷诺斯是俄克拉荷马州杜尔沙市一家大型石油公司的财务助理，我曾经替他做过事。这个年轻人能干、讨人喜欢，在公司里一定可以一帆风顺。他有一个幸福的家庭，太太露丝贤惠，儿子小查理斯可爱。

查理斯·雷诺斯在工作之余喜爱绘画。在办公室的墙上悬挂着他画的许多风景画。他有时也把画卖掉。

虽然雷诺斯先生喜欢自己的工作，但他更渴望能够有更多的时间画画，而且他一直很向往新墨西哥州有"艺术家的乐园"之称的达耳斯，因此他想放弃现在的工作移居到那边。他把自己的想法告诉了太太，露丝说："这很好！我们卖掉这里的东西，到达耳斯去开一家美术材料店，还可以卖画框。由我来照顾店面，你就专心画画，我们一定会成功的！"

得到了太太的支持，查理斯·雷诺斯就辞掉了他的工作。他们全家都为开创新的事业而振奋。就连他的小查理斯也在放学以后来店里帮忙。他的画非常出色，终于成为了一个有名的画家。他的作品曾在美国各地展览，自己也办过画展。如今，他是达耳斯画家协会会长，在那条闻名的吉特·卡森街上有自己的画廊和画室。这一切都要归功于他和他的太太勇于尝试的精神。

这其实并不值得大惊小怪，因为冒险成功的可能性是很大的。范特格利将军在作战前，就经常这样对他的部队说："上帝偏爱那些敢于冒险的人。"

当然，最适合一个人的工作虽然能使他满足，但未必就一定会使他富有。可是，如果一个人的工作不能够给他带来内心的满足，无论如何也不能算真正的成功。妻子应该在精神上支持丈夫，给他机会去发挥他的才能，这也包括放弃薪水较高但不满意的工作。

有很多人的辉煌成就可能都来源于妻子下的赌注——舍弃既有的物质享受，使丈夫能够从事适合自己志向的工作。

救世军不只是它的创始人卜威廉的丰功伟绩，同时也是全力协助他的妻子卜凯瑟琳的纪念碑。

卜威廉专心从事传道，在伦敦的贫民窟里，他面对流浪汉、穷人、残障者讲道，同时他的妻子和孩子们正忍受着饥寒和嘲笑。他全力帮助穷人，结果自己的健康却受到损害。他的妻子生来就身体虚弱，患有脊柱弯曲症，必须缚石膏，还受到肺痨的威胁。在她生命的后期，更是备受癌症的折磨。她临终前说："我没有一天不是生活在痛苦中。"

正是这样一位病弱的妇人，不只照顾他们的八个子女，做饭、洗衣，而且还协助丈夫帮助那些比他们更穷困的人，同时她也亲自传教。晚上还要为那些因为怀有私生子出走的未婚母亲寻找安身之所、准备饭菜，同那些小偷、流浪汉与妓女亲切交谈。

你一定在想，只要卜凯瑟琳一有机会，必定要摆脱这种悲惨的处境。这种机会当然是有的，由于卜威廉的真诚感动了人们，有一次有人建议她到一个比较富裕的地区去讲道——这样她就可以离开贫民窟了。但他错了。卜凯瑟琳马上站起来说："不要！我不要！"

正因为卜凯瑟琳有不畏艰难的决心，才会有救世军到处工作。真希望她能活得更久，亲眼看见她丈夫的成果。她真该知道，在伦敦街头挤满了六万多人为卜威廉的灵柩送行，伦敦市长、美国总统和欧洲的皇室都送来花圈，五千名年轻的救世军跟在灵柩后面，为他们伟大的领袖唱着赞美诗。我相信这位奋不顾身的弱女子早已预见到了这样的场面。

成功的意义就是找到你热爱的工作，并奋不顾身地为之奋斗，这才是我们获得真正想要东西的唯一途径。

罗伯特·路易斯·史蒂文生如是说："主啊，赐给我一个有胆有识，甘心去做在别人看来是傻事的青年吧。"

莎士比亚说："我们心中的叛逆就是疑虑，由于畏缩不前，往往使我们失去通常可以掌握的东西。"

的确，上帝偏爱勇敢和坚毅的灵魂。如果我们希望自己的丈夫在工作上成功，就应该鼓励他们去尝试，同时要勇于分担随之而来的风险。

04.
男人失业，也阻挡不了你幸福

约瑟夫·艾森堡家住纽约市布朗克斯区毛利斯街2347号。25年来，他一直在一家洗衣店当送货员，突然有一天，他被解雇了。

这样一个上了年纪又没有一技之长的人，要想再找到工作可不容易。恰好此时有一家糕饼店出售，售价也不高，他就和妻子用所有的积蓄买下了这家店铺。

当然，这才是开始。艾森堡太太十分清楚，他们现在无法雇人帮忙。因此，她决心自己来主持店里的所有事务。她除了要做家务事，还必须在店里工作很长时间，招待顾客、洗刷、打扫、整理，这样的劳作足以使人感到心力交瘁。然而，她却说："做这些事我心里很高兴，因为我知道，这是让丈夫重新开始的一个机会。如今，已经过去5年了，我们的面包店经营得很成功，经济状况很好；我们能以自己的努力开创出这个局面，实在感到欣慰！"

像艾森堡先生失业这样的经历，许多男人都碰到过；但是，大多数人从此一蹶不振，因为他们的妻子不愿意帮助丈夫重新开始。多数女人认为，无论如何丈夫应该一肩挑起所有的责任。她们没有意识到，为了把家庭拖出困境，妻子也必须全力以赴。

这是一位女士的故事。在需要的时候她愿意付出自己的全部精力，她就是家住田纳西州诺克斯威利市克拉斯街116号的威廉·何孟太太，她不只帮丈夫做生意，而且还有自己的工作，因此他们家的经济条件相当不错。

护士出身的何孟太太1936年结婚时，丈夫比尔还没有高中毕业证，他白天工作，晚上到夜校上课。为了使比尔能够完成学业，婚后何孟太太仍做护士。她希望自己的丈夫能够保持全勤，就在她生下女儿的那天夜里，她仍坚持让丈夫把她送到医院之后去上课。在6年学习期间，比尔没有错过一堂课，终于他使自己的母亲、妻子和孩子骄傲地看到他拿到了毕业证。

后来，比尔得到推销不锈钢厨具的工作，何孟太太就和他一起举办示范餐会；比尔推销厨具，何孟太太则帮着做菜。

比尔的父亲死后，为他们兄弟留下了一家印刷厂，何孟夫妇便向银行借了一笔钱，将它从兄弟那儿买下来。为了还债，何孟太太又回去做护士。每天晚上和周末，她都到印刷厂里给比尔帮忙。她说："我们希望能够继续工作，这样5年之后，我们就能还清所有贷款。那时我就辞掉工作，全心照顾孩子。"

何孟太太和艾森堡太太一样，是一个称职的好妻子；她勇于担当重任，始终和丈夫站在一起。正因为她能给丈夫临时当助手，所以丈夫的工作效率特别高。

如果夫妇双方的目标和兴趣是一致的，丈夫的事业与婚姻双重成功的机会就更大了。帮助丈夫获得成功，这本身就是一个需要专业精神的工作。除非你相信帮助丈夫是一件非常重要且必须付出你所有注意力的事，否则你就没法帮助丈夫了。

生活中发生的某些危机，如疾病、失业，或者欠债，可能需要妻子在外工作一段时期。这时候，妻子不是为自己工作，而是为了整个家庭的幸福而工作。当然，这是一种"非常措施"。我认识一位J·D·史坦太太，住在新泽西州威斯特费尔市史丹利街422号。她在这种情况下做得非常出色，甚至为家庭开创了一种全新的生活局面。

史坦先生是一名推销员，但是一场重病使他无法继续工作。于是，养活五个小孩的家庭重担就落在了她的肩上。

史坦太太对自己的能力进行了认真的分析：文秘工作她缺乏经验，也没有掌握相关的技能；她最拿手的事情就是制作糕点，比如结婚蛋糕、孩子的生日点心、宴会的甜点。从前因为自己喜欢，她常帮朋友们做这些食品。于是，她把自己做糕点师的想法告诉了一些朋友，因此当他们举办宴会时，就请她去做糕点。由于她做的糕点格外精美可口，于是她的名声便传开了，订单源源不断，使得她都需要助手来帮忙。由于她的糕点是在自家厨房里做的，她的丈夫和孩子们都来给她帮忙。到生意做开以后，她就专门制作酒席糕点，并成为了一名宴席顾问。

如今，她为方圆 25 公里之内的宴会准备酒席，生意也发展到必须雇请一位帮手的程度。她还将最拿手的开胃菜包装起来，送到冷冻食品市场去卖。

J·D·史坦太太如此成功地应对了紧急事件，使史坦先生能够重新投入工作；现在，他担任自家公司的营业经理。他们夫妻的合作很完美。史坦太太说："我对那些账目和计算很厌烦，我喜欢创新，不断改进我的特制糕点。因此，让丈夫来照料生意上的细节，这可真是一项伟大的发明。"

天有不测风云，谁能料到危机何时来临，使得我们的经济突然陷入困境。那时我们或许不得不亲手去赚取生活费用。为什么不马上去学习一种谋生的技能呢？想想看，你是否已有足够的准备，去应对意外发生的紧急情况。

05.
各自忙碌，一起幸福

几个月之前，一位老朋友来看望我们，他显得很疲倦而且情绪低落。他说："我无法讲清楚！这半年，为了替公司扩展一家分公司，我的工作一直十分忙碌，每天回家都很晚。只有等这件事情办完了，我才能恢复正常的作息时间。但是，我太太对此很不理解，因为我不能回家吃饭，不能陪她逛街，搞得我也提不起劲来。这个新公司对我们非常重要，但我无法让她明白这一点。她这样的态度使得我安不下心来，无法全力投入工作。"

这个可怜的人，难怪他会这么狼狈，因为他同时承受着来自两方面的压力。

由此使我想到我丈夫赶写一本书的日子。我真不知道在那段时间里，我们两人究竟谁更痛苦。虽然他是在家里写东西，可我却见不到他，因为他把自己关在书房里，埋头写到半夜，而且天天都这样。

为了让他安心赶稿子,我们的社交活动完全停止了,也不能一起出去散心。好在朋友们都能谅解我们。

在那些日子里,我当然也会感到孤独,但我把心思都集中在戴尔的饮食、休息是否合理,是否需要呼吸新鲜空气上。另外,我还经常去拜访我们的朋友,参加一些俱乐部的活动,培养了更多的兴趣。

时间就这样过去了,他那本书可算写完了,于是我们的生活又恢复了从前的样子!

对一个妻子而言,在某些特别辛劳的日子里,也许你的角色并不愉快;但对你的丈夫而言,你的这些工作是非常必要的。在丈夫最需要的时候,一个妻子应该像护士、保姆和精神支柱一样站在他的旁边,静静地等待着恢复正常的生活。用成功的渴望激励自己的丈夫,使他全力投入到工作中去,而对其他的事情不必操心。那么,在这种时候我们该怎样帮助自己的丈夫,使他轻松度过这段日子呢?

下面的想法曾经给我很大的帮助,想来对你也会有效:

一、给他准备的食物要能配合他的工作

要经常给他吃东西,但量不要过多。如果要工作到深夜,或者必须赶时间,最好给他准备容易消化的食物,如牛奶、沙拉、果汁、蛋糕、胡萝卜和芹菜……这些东西容易消化,而且维生素含量丰富。如果他要整夜地工作,那么晚饭就不要让他吃过多不易消化的食物。你还可以阅读一些有关营养食谱的书籍，或是同医生谈谈如何为他增加体力。

二、为自己安排一些娱乐活动，不要沉湎于昨天的美好时光

努力提高自己的社会地位，使自己成为一个受欢迎的人，而不必依靠丈夫的引导。在一些社交场合，你可能是多余的人，你自然应该避免发生这种事情；但在其他的集会里，你会如同冬天的太阳一样大受欢迎。

或者尝试做以前没有时间做的事情：听音乐会、参观画展、学习某些课程等。这些活动将会对你有很大的益处，并且使你的丈夫不必为你的寂寞而分心。

三、向朋友解释你丈夫的情况，使他们理解他的行为

同时，让朋友们知道你的丈夫正得到你的全力支持。

四、让你丈夫知道你正在支持和关心他的工作

这样，可以使他的工作进行得更加顺畅，而且能够使你不必远离他。

五、要不时地提醒自己，这种情况是不会经常发生的

如果通过这件事情，你证实自己可以克服困难，那么到这个工作完成之后，你们的第二次蜜月就开始了。

06.
办公室放家里，丈夫放心里

假如你的丈夫是在公司或工厂里每天工作8小时的话，这一节也许你可以不看，因为你所要做的调适工作，与那些丈夫在家工作的妻子比较起来可轻松多了。不过你也不妨看看，因为说不定什么时候，生活将有变化呢。

如果妻子在家打点家务，丈夫需要整天在家工作，这对妻子来说可就麻烦了。你得静悄悄地踮起脚尖走，因为他的要求，你必须关掉才清扫一半的吸尘器、不能请朋友到家里来玩，因为这些事情都会干扰他的工作。

如果嫁了一位在家里工作的丈夫，你就必须调整自己以配合他的工作。只要妻子有足够的爱心、心情愉快，并立志帮助丈夫实现他的目标，就一定能够成功。不是已经有很多妻子做到了吗？

凯瑟琳·吉米的丈夫唐·吉米很年轻的时候就取得了惊人的成功。他加入了一个著名的乐团，是个有名的作曲家。如今他是 NBC 交响乐团广播音乐会的制作指导，美国和欧洲一些主要的交响乐团经常演奏他的交响乐作品，像亚瑟·费德罗和阿尔土罗·托斯卡尼尼等大师级指挥家也演出过他的乐曲。

吉米夫妇和我们是邻居。朋友们都知道，在唐·吉米的光辉生涯里，他的妻子起到了举足轻重的作用。

唐·吉米的作品多数是在家里完成的。他在三楼有自己的书房，但是他却喜欢在餐厅的桌子上进行创作。凯瑟琳性格温柔，总是依着他。如她所说，她是一面照料两个小家伙，一面"在他身边服务"而已。如果孩子们太吵，她就设法哄他们去做不太出声的事情。

凯瑟琳一心都在家里。她是个烹饪好手，冰箱里总是预备着自制的冰淇淋、甜美的蛋糕和各种点心。但是，她却严格控制大家吸取热量，必要的时候会把冰箱锁起来！

唐·吉米也和许多艺术家一样，不断受到经济的困扰，因此凯瑟琳就兼做他的经纪人，替他办理合约、决定家庭开支、想办法开源节流。她还要考虑丈夫所需新衣之类的琐事。我向她请教一个妻子怎样才能帮助在家里工作的丈夫。她说："如果你习惯了这种情况，那么不但容易做，而且会很有意思。如果他整天不在家，到录音室里工作，我会总想着他，我已经习惯了有他在自己身边！"

以下几个简单规则，我认为对妻子帮助在家里工作的丈夫很有用：

一、尽量使他感到舒适

然后离开他，去做自己的事情。不必总怕打扰了他的工作，适当的时候可以去探视他的工作进度。

二、不要让他在工作时受到打扰

像开门、照顾小孩、给送货的人付账等事情不要让他去做。应该像他不在家一样，你自己去做这些事。除非房子着了火，不然千万不要打扰他！

三、心态要平稳

如果他的工作不太顺利，可能会变得烦躁不安；这时候你要沉着应对，想办法使他的情绪好转。

四、根据他的时间安排来计划你的社交活动

在他工作的时候切莫在家招待朋友。除非你家的房子足够大，完全能够把他隔离开。

五、替他安排一下工作计划

留给孩子们一段时间，让他们能够开开心心地玩耍，只要孩子是正常而且健康的，就不能要求他们整天待着不动，通情达理的母亲是不会这样做的。只有大家的权利都受到了重视，家庭才能够快乐。

我相信，上面的规则会很有效。因为在我婚后的 8 年里，我丈夫的工作都是在家完成的，所以我对自己的话有信心。假如你的丈夫一天 24 小时都在家里工作，请尝试一下凯瑟琳的经验吧！

07.
把她当伙伴而不是情敌

如果说母亲是女孩子最亲密的朋友,那么女秘书就可谓是男人最亲切的伙伴了。一个好的秘书会努力维护老板的利益,设法使老板的工作更加顺畅。同时,她既要完成许多做不完的琐事,还要照顾老板的情绪,使他保持心情舒畅。一个女秘书的工作范围,有时会从削铅笔到接待来客,甚至兼做业务经纪人。美国企业界那些璀璨的巨星,如果没有女秘书的周到服务,大概不会运转得这么圆熟吧。

毫无疑问,一个好的秘书是男人事业成功不可或缺的帮手,那么,这种说法对一个尽心尽职的妻子有什么意义呢?它意味着这样一个事实:妻子和女秘书有一个共同的目标,就是使那个男人的事业更加成功。对于他事业的成功,她们都同样深为关切。因此,如果她们不互相对立,而是能够相互合作、共同携手的话,她们就能收到事半功倍的效果。可事实是妻子和女秘书常常是互相敌对的。要么是一方暗中猜忌,要么是双方都对对方的影响而嫉妒在心。女秘书也许会觉得妻子自私自利、多管闲事；而妻子，也常常埋怨丈夫对那个女人过于依赖。

我身为人妻，也当过女秘书。因此，对两方面的意见同样看重。但就我的经验而言，要维护好这样一种关系，妻子的态度尤为重要。因为，秘书为了能够保住自己的职位，自然希望和每个人都能融洽相处。

在对此有所了解之后，我们这些做妻子的就应该设法减少摩擦，与丈夫的女秘书建立友善的关系，共同合作。下面是几点可以遵循的原则：

一、不要心生疑忌

女秘书对老板的欣赏，通常情况下是理智的。我们固然认为自己的丈夫是个有魅力的人，但这并不意味着女秘书会把他当成爱情的目标。我认识的女秘书不少，但喜欢抢夺别人丈夫的女秘书只见过一个！而这个人就是喜欢干这种事情，与她所从事的职业并不相关。

由于业务需要，丈夫不得不加班的时候，妻子的体谅就更为重要了。她应该相信自己的丈夫和他的女秘书并不是跑到夜总会取乐，而是在办公室里绞尽脑汁地工作。对此，做妻子的应该感到庆幸，因为丈夫不是独自一人工作，还有女秘书和他在一起，适当的时候，会有人提醒他该吃饭休息。

二、不必嫉妒或轻视

女孩子在外面工作，打扮得漂亮点，完全是由于业务的需要。做妻子的也可以打扮得漂亮些，如果她们愿意的话。通常，女秘书花费在装饰自己上的时间和金钱要更多些。所以与其对女秘书心怀嫉妒，不如自己也打扮得漂亮动人更好。

正常的男人一般都喜欢漂亮的女孩，而不会欣赏一个缺乏魅力的女秘书。在一个温馨的环境里工作，这种欲望是极为正常的，这并不是贪婪好色。一个美丽的女孩就如一瓶鲜艳的花束，能够使满屋生辉。

有的太太很嫉妒女秘书的工作，认为她们太舒服了，整天打扮得花枝招展，舒舒服服地坐在办公室里，什么事也不干，只会对男人撒娇，居然还领取高额薪水！

可是，这些太太大概不知道，大多数女秘书都是非常羡慕太太的！在外面工作的女人，绝大多数都希望自己能够成为家庭主妇，相夫教子。再进一步说吧，当女秘书其实并不容易！一个称职的女秘书必须像家庭主妇那样辛勤工作，却无法得到像家庭主妇那样的报偿。

三、不要勉强女秘书替自己跑腿

老板的太太不要勉强女秘书去为自己跑腿，比如在吃午饭的时候要她去买一卷丝线、排队为自己买戏票，或者诸如此类的杂务。女秘书不好意思拒绝这种强迫的做法，但是，她为此牺牲掉繁忙的一天之中仅有的一段休息时间，心里肯定不太情愿。

由于领取薪水，女秘书通常要为老板办一些私事，例如帮老板选购礼物、安排业务上的应酬、为旅行预订房间等。但是，她们的工作并不包括也替老板太太做此等服务，除非老板特别要求她去做。

四、绝对不能以傲慢或刻薄的口吻奚落女秘书

有一些女人的脑筋还很陈旧，仍然抱着那种"我是太太，你只是佣人"的观念，她们老是找机会奚落丈夫的女秘书，以显示自己的尊贵地位。这种空摆架子的太太一定不如女秘书有教养，而且肯定没有女秘书受欢迎。

有的女秘书自尊心很强，这样刻薄的行为会对她造成伤害。那些太太们应该按照《圣经》的条律修正自己的态度并设想自己是个女秘书，希望别人怎样对待自己，那就以这种态度对待丈夫的女秘书。

五、对女秘书的额外帮忙要表示谢意

无论是谁帮人做了事，都希望听到感谢和赞赏，女秘书也一样。虽然老板的太太并没有特别委托，女秘书也会时不时地帮她办一些事情。我丈夫的女秘书就是这样，她经常在我们度假的时候替我们预订房间，还帮我们预订戏票，为我们在餐馆预订位置。她将这些事情作为她工作的一部分，我也因此而得到了许多便利。

女秘书也是个普通人，当然也愿意受人赞赏。一些很小的事情就能够表达我们的谢意，比如一个致谢的电话、一件细心挑选的礼物等。

既然女秘书能使得公司业务顺利进行，那么和她们保持良好关系，这是我们为丈夫提供帮助的一个重要途径。

我有一个朋友，她丈夫在一家房地产公司当会计主任，当他需要处理很麻烦的事情时，女秘书就会给她打来电话："太太，我想告诉您，政府税务人员整天都在我们这儿。我们要整理账目，这四五天我们会很忙。所以我提醒您，白兰克先生现在的工作压力很大，请为他准备三明治和咖啡。"

于是，当白兰克先生回到家的时候，就会受到太太的特别照料。这段时间，她谢绝了所有社交应酬，精心为他准备食物，并且以百般的体贴陪伴他度过这段日子。

这种对丈夫的特殊照料，确实不是随时都有的，不过就这对夫妇的情形而言，真是配合得太好了。这是由于白兰克太太和女秘书都有同样的认识，她们俩都是在协助白兰克先生的工作，在这方面她们是共同的盟友。

当然，有些女人和丈夫的女秘书从没有认识的机会。但是大部分太太迟早都会和丈夫的女秘书接触。那时，我们对她们的态度就会暴露无遗。上面五个原则可以帮助我们和丈夫的女秘书愉快地相处。

第四章 女人多支持，男人扛得住

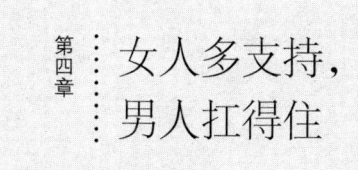

01.
做丈夫的忠实信徒

19世纪末,密歇根州底特律城的电灯公司雇用了一名年轻技工,他每天要工作10个小时,周薪11美元。回家以后,这个年轻人常常躲在一间旧棚子里工作到大半夜,因为他一心想发明一种新引擎。

他那身为农夫的父亲,确信儿子只是在浪费时间。周围的人也都说这青年人是个笨蛋,人人都笑话他,没有人相信他能搞出什么好东西来。

但他的太太却很相信他,只要完成了一天的工作,她就到小棚子来帮他研究。冬天,为了使他能够工作,她常常给他提着煤油灯,手冻得发紫,牙齿打颤。她深信自己的丈夫终有设计成功的一天,所以她被丈夫戏称为自己的忠实"信徒"。

经过三年的艰苦努力,1893年,就在这个年轻人30岁生日前夕,他终于把这个异想天开的稀奇玩意儿制造出来了。街道上传来一连串奇怪的声音,邻居们都惊骇地跑到窗口,他们看到那个"怪人"——亨利·福特正和他的太太坐在一辆没马的马车上,在路上表演呢!那辆奇特的车子真的可以自己跑来跑去!

就在那晚,一个新的工业诞生了,这是一个对人类生活产生了重大影响的工业。如果亨利·福特被誉为"工业之父",那么,他的那位"信徒"——福特太太就有权利被称为"工业之母"。50年以后,这位相信灵魂轮回再生的福特先生,在被问及对下一次出生有什么希望时回答道:"只要能够和太太在一起,我什么也不在乎。"他希望来生仍和太太厮守在一起,因为她终生都是他的"信徒"。

男人都需要一个这样的信徒,一个在他陷入困境的时候一心呵护他的女人。当他处处都不顺心的时候,当他的事业处于危急之中时,最需要太太的支持,这种支持足以加倍增强他的抵抗力和信心。应该让他知道,任何风雨都不能动摇她对他的信任。如果连自己的太太对他都没有信心,谁还会信任他呢?

信任是一种积极的动力。始于信心的行为,是不会以失败告终的。

住在康乃狄格州布里斯特城克浓街2号的罗伯·杜培雷,也是个很好的例子。罗伯·杜培雷先生一直梦想做个推销员,1947年,他找到一份推销保险的工作。可是,尽管他拼命地工作,但业务并没有起色。由于卖不出保险,他感到十分懊恼。过度的压力使他痛苦,他不得不提出辞职,以免自己的精神完全崩溃。下面是一封他的信:

"我当时觉得自己完全失败了,但是,我的太太坚持认为这是暂时的挫折。她不断对我说:'不要担心,下一次你会成功的。我知道你能够成为一名优秀的推销员。'"

其后,罗伯·杜培雷先生和太太到一家工厂里做事。但她从不让他忽略自己的外表和谈吐。他说:"在这一年半的时间里,她总是不断称赞我的优良品质,指出我具有推销员的天赋——有些才华是我自己也不知道的!要不是因为她的鼓励,我可能不会有再试一次的勇气。她不想让我放弃,她一次次这样激励我:'你有这样的能力!你也能办到!只要努力就行。'"

"我怎么能够辜负她如此深切的信任呢!她成功地使我树立了对自己的信心。于是,我离开了工厂,再去从事推销工作,这一次我信心十足——因为我有了一个忠实的信徒!"

"当然,我还有很长一段路要走。但是至少我已经上路了,这都要谢谢她。她使我深信自己只要想成功,就能够获得成功。"

如果我雇用一名推销员的话,那我认为一个男人有这样的太太,是可以寄予厚望的。这种信徒式的太太不会让丈夫失败。如果丈夫遭受挫折,她们会适时地将丈夫扶起来,抚慰好他们的创伤,再把他们送回到竞技场。

伟大的音乐家谢尔盖·瓦西里耶维奇·拉赫玛尼诺夫,25岁就已经是个很优秀的作曲家了。但是,因为他过于自负,所以当他的一首交响曲没有取得成功时,他颓丧万分,有相当长的一段时间,他生活得很黯淡。后来,他被朋友带去看心理医生，心理专家尼可拉斯·达尔医师反复给他灌输这样一个思想："在你身上潜藏着伟大的艺术，正等待着你将它展现于世界。"

久而久之，这个想法在拉赫玛尼诺夫心里扎下了根，他的信心苏醒了。第二年，他那首伟大的《C小调第二号协奏曲》就完成了。并且，他还将这首曲子献给达尔医师。这首曲子首演的时候，所有观众都被征服了。于是，拉赫玛尼诺夫又一次迈上了成功之路。

激励对男人的作用，如同燃料对于引擎一样重要。它能使人们精神上的电池充足了电，使男人的发动机不停地运转。激励是使人转败为胜的驱动力。

人们都希望有运气，但是，运气有时也会磨灭人的锐气，严重的时候会使我们挺不起腰杆！但如果我们最亲爱的人这样对我们说："别把这些放在心上，这点小事不能打倒你，你一定会成功的！"那事情可就是另外一个样子了。

《圣经》上说："信仰，就是坚信所希望之事，就是确信还没看到的事情。"

妻子对丈夫的信任与此相同。信徒式的妻子以其独到的洞察力，看出丈夫身上潜在的特质，这是他人无法看到的。她们凭借的是内心的爱情和独到的眼光。

当然，无论有怎样的信心，不表现出来就不会起丝毫作用。所以我们必须把它表现于言辞和行动，诸如给予柔情的安慰、热切的鼓励，或者褒奖他的品性、赞美他的才华。

02.
女人独立自由的意义是什么

在婚姻的城堡中,女人如果不想失去丈夫的爱,就要和丈夫一起发展,共同走进同一座事业战壕。与丈夫并肩奋斗往往能赢得爱情、事业的双丰收。

男人比女人更需要自己的事业,他们总是围绕是否能成功这个主题来选择一切,女人最终是围绕家庭这个主题,这是男女之间本质上的区别,也是女人致命的弱点以及悲剧所在。一旦家庭崩溃,女人的精神也差不多崩溃了,而男人却不是,他们大多能非常潇洒地继续过生活。对于男人来说,事业上的失败才是他们的致命伤。所以有才华、想在事业上有所成就的女性,如果不想失去丈夫,那么最合适的途径就是与丈夫一起成功。

一起成功谈何容易,首先你会失去一些既得利益,因为你忙于事业会使你丈夫不满意,会使孩子受冷落等。可是千万不能放弃目标,现在失去一点既得利益,以后会获得意想不到的回报。

薇薇安和丈夫戴夫是在学校组织的一次舞会上认识的，当时两人就给彼此留下了深刻的印象。他们有相投的兴趣爱好，又是同乡，又在同一所学院就读，所以不知不觉就走到了一起。毕业后，两人都回到了家乡，而后喜结连理。

婚后的日子充满了浓情蜜意，戴夫的事业也发展得如日中天。戴夫参加工作不久，就因为出色的外交能力和流利的日语等优势，被一家大型国际公司的外宣办招去负责一个项目的开发和鉴定。第一年戴夫大功告成，为公司净赚了一大笔利润。接下来的几次"战役"，戴夫都"打了漂亮仗"。

一笔又一笔高额的利润，激发了戴夫更强烈的事业心。一天晚上，他悄悄地对妻子说："我想自己办一个公司，外事的一切我都已充分了解。"薇薇安对丈夫的想法表示了赞同，但她同时向丈夫表示自己不会放弃令自己着迷的职业，她要寻求一种自由独立的生活。戴夫表示理解，并强调自己绝不会勉强她。随后，戴夫拿出了他近三年的收入，但仅这些钱并不够，他们又东拼西凑了一些钱，终于使公司正式挂牌营业了。

这以后，戴夫开始了自己艰难的创业历程，没日没夜地四处奔忙，有时急得茶饭不思，薇薇安看在眼里，疼在心里，但她却始终坚持着自己的信念。戴夫也从未开口要求妻子的帮助，他遵守了他许下的诺言。可是，他却与妻子日渐疏远，好多苦闷，好多生意上的选择，他都无法向妻子倾诉，无法与妻子探讨。

薇薇安感觉到了家中压抑的气氛与丈夫痛苦的隐忍。经过多日的苦思,她发现自己在坚守信念方面不免有些僵化古板,自己推崇自由独立,可是这并不代表完全不过问丈夫的事业。自由独立与帮助丈夫创业之间并不矛盾啊!她为什么会死钻这个牛角尖呢?如果所爱的人不快乐,自己的独立又有何意义呢!

薇薇安最终选择了辞职,下定决心要和丈夫并肩奋斗,这令戴夫欣喜万分。戴夫和薇薇安分工明确,在外戴夫是经理,薇薇安是会计兼秘书。戴夫负责谈项目,薇薇安负责签合同收款及后续工作,两人每次配合都很默契。第一年他们就净赚了近百万美元,第二年就翻了一番。两年后,他们的公司被一家德国企业看中,成为了其所属子公司,并同时在全国其他城市设立了办事处。

创业初期的那段时间,戴夫和薇薇安把孩子寄放在父母那里看管,两人就住在办公室。虽然整天都很累很忙碌,但是充实开心,每天都有希望,都有收获。六年来,戴夫和薇薇安携手创业,在商场上摸爬滚打,生意越做越大,公司由原来的一家发展成多家,项目也由原来的单一化趋向多元化发展。

从薇薇安和戴夫的事例中我们可以看出,女人在经营家庭的同时,也可以和丈夫携手共创事业,如果两人具备可以互相弥补、互为补充的专长,那么对事业的发展来说是极为有利的,它可以使共事的夫妻相辅相成,使事业做起来更得心应手,也可以实现事业、爱情的双丰收。

03.
为家庭利益做出适当牺牲

假如你有自己的工作，如果你丈夫的事业需要你放弃它的时候，你甘心放弃吗？如果你不愿意这样做，那么你读此书就没有意义了。你是想自己获得成功，而不是帮助丈夫有所成就。

协助丈夫取得成功，其实也是一个需要敬业精神的工作。你应该相信帮助丈夫是一件非常重要的事情，而且必须付出全部精力，不然你很难给他以帮助。

以下的故事十分真实。莎黛·威尔斯是著名探险家卡维斯·威尔斯的太太，当他们相识的时候，她已有了自己非常热爱的工作，这个迷人的女孩本来很看重自己的职业，后来她的想法改变了。

莎黛原来的工作是广播与演讲经纪人，并且很成功。卡维斯是因为业务关系和她相识的，他爱上了她并且娶了她。可是结婚的前提是莎黛可以继续从事自己的工作。

他们3月份举行婚礼。6月份，卡维斯就要动身到土耳其去爬阿拉特山。她原打算留在家里工作，但在出发前夕，她竟坐卧不安，于是她说："这一次和你同去，就这一次！"于是他们一起出发了。那一次艰难旅行如同梦魇，虽然卡维斯以此历险写了一本畅销书《卡普特》。

当莎黛回来继续自己的工作后，感到自己的工作与这次探险经历相比，显得太没意思了。于是，在一年后，她又和丈夫前往墨西哥，去攀登帕帕卡弟派特尔山峰。这可是一次严峻的考验，寒冷、饥饿、疲惫充斥着整个旅程，而且大部分时间是在难以预料的惊险之中度过的，但是他们却感到兴奋异常。

莎黛独立做事的念头被山峰上刺骨的冷风吹得无影无踪。她明白了做卡维斯·威尔斯的妻子，要比在自己的工作上得到成功更重要。她一回到家，就关闭了自己的营业所。从那以后，她跟着自己的丈夫踏遍了海角天涯，生活就像是一部充满惊奇的游记。日本、冰岛、马来半岛的丛林、非洲、喀什米亚山谷……处处都留下了他们的足迹。

莎黛说："过去的我太孩子气了，以为重要的是拥有自己的事业。但是和我与卡维斯一起经历的那些事情相比，我过去的生活显得多么狭隘啊！现在，我能够把自己的兴趣和他交融，和他共享胜利及成功的喜悦；同时，我们一起面对失望和麻烦。"

"我所获得的最大褒奖，就是卡维斯在《卡普特》上所写给我的献辞：'谨献给我最亲爱的朋友——夫人莎黛。'丈夫给我这爱的献辞更令我满足，我生平所受到的赞赏都不能与之相比。"

可以看到，莎黛改变自己的看法颇带戏剧性。但是，相当多的妻子都发觉，维护家庭的幸福，增进丈夫的利益，是她们最有意义的工作，莎黛可以说是一个典型的例子。

当然，我没有忽略许多因各种原因必须到外面工作的妻子们，同时还要对她们致以最深的敬意，我确信女人们有能力以自己的劳动来维持生活。生活会发生很多变化，可能在某个时候，你就要起来担起一家生计，而原先美好的计划可能因为生病、死亡、失业和灾祸而毁掉。

事实上，帮助丈夫的工作相当重大，甚至需要妻子全力以赴。如果一个妻子把全部精力用在自己的职业上，就很难有剩余的力量去帮助丈夫。当然，任何事情都有例外。不过就我的经验而言，如果夫妻双方的目标和兴趣一致，那么婚姻将会很幸福，丈夫的成功也就可以预期了。

因此，必须注意的一个重要原则是：如果你的职业和丈夫的需要冲突时，最好心甘情愿地放弃自己的职业。

04.
"星期五"式的太太

一天早上，有一辆公交车上的乘客都伸长了脖子向车门处张望。原来有一个身材娇小、衣装时髦的女士跳上了车，她的肩上还扛着一支猎枪！乘客们都在纳闷，这到底是个广告噱头，还是个女超人呢？最后，这位女士到站了，扛起猎枪跳下了车。公交车上的司机这时才松了口气。

这位女士是谁呢？她叫伊特丽·费雪。车上的一幕是她在帮助丈夫的一位顾客，把赊购的猎枪送回到店里去。她的家住在密苏里州圣路易城拉度山9号，丈夫梅尔·费雪是一名成功的推销员，服务于一家家电公司。他戏称自己的太太是"我的星期五"（"星期五"是《鲁滨孙漂流记》中的人物，他是鲁滨孙的仆人和好友，并把鲁滨孙救回祖国），因为他的太太总是想出各种各样的方法帮助他推进工作。

"我丈夫对工作充满了热情，连吃饭、睡觉甚至呼吸都是如此，我自然也被这种热情感染了。25年来，我曾经想方设法给他以帮助,直到今天我还很喜欢做这些事!"伊特丽为了让丈夫能将全部精力用到工作中去,就设法不让他为琐事操心。她相信只要丈夫能摆脱这些杂务,就能更好地集中精力,发挥出他最大的潜能。

伊特丽的丈夫每天总有很多的信件需带回家处理,于是她开始学打字。她还学会了驾驶汽车,因为她丈夫的业务区域很大,遍及三十余个州,一个人开车非常劳累。她曾经说:"我有过这么一个经历,那次从泰晤士广场到金门,由我开车,这样梅尔就可以在车子里好好地睡觉。"

就连自己的喜好,伊特丽也配合着丈夫的工作。比如收集旧熨斗,其中竟有150年前的旧熨斗。在举行货品展览时,将这些物品陈列出来,一定能够收到很好的效果。

正是因为伊特丽亲自参与了丈夫的事业,所以在他的成功之中,他们将享受到更多的成就感。最近一次在田纳西举行的销售会上,在费雪先生结束发言之后,一位听众说:"我不知道今晚对你的演讲最感兴趣的会是谁,是你的太太还是推销员?"如果他的太太热心倾听他的讲话,这可是一种极佳的广告。难怪费雪太太会成为她丈夫的精神支柱了。

遗憾的是,大多数女人不想去做费雪太太所做的事情。她们往往这么说:"他的女秘书是雇来干什么的?"或者是:"如果公司能够给我付薪,我当然愿意做他的帮手。"好在这是她们丈夫的事业,而不是我的。不过,有时候太太给予的额外的帮助,确实能推动男人走得更快捷、更稳健。

至于你能在哪方面帮你丈夫的忙，这要看他工作的性质。也许他需要你帮他接电话、替他开车，或者是为他处理信件、写报告，或是查找资料……总之这些都能减轻他的负担，从而把精力用到更有价值的工作上。如果你愿意在这些方面帮你丈夫一把，却不知道该从哪儿着手，那就请他告诉你好了。

当然，一个女人要做家务，还要照顾孩子，已经是够忙的了，如果还要抽出时间来帮助丈夫，成为他的"星期五"，显然不是一件容易的事情。不过，生活中就是有这样的人，她们的家务事做得很好，而且又帮了丈夫的忙。因为她们有这样的动机，要给丈夫以额外的支援。

家住纽约佛瑞斯山第72街108号的彼得·阿塔特夫妇就是一个例子。第二次世界大战后，年轻的彼得·阿塔特退伍回家，创办了亚斯特·莱蒙新汽车服务公司，他的创业资本是800美元的资金和一辆汽车。

当所有的出租车公司过于忙碌的时候，就有人来租用彼得的车了。由于他有良好的服务，生意逐渐做开了。但是他无法既开车同时又接电话，所以妻子罗丝就提出由她接听电话，只要他同意在家里安装一部业务电话分机就可以了。电话装好后，罗丝就担任起了联系业务的工作。

不久彼得的生意很红火，他需要雇用一位司机。不过，在他外出时，仍由罗丝接听电话。除此之外，她还要照顾三个小孩，并做完所有的家务。彼得说："无论花多少钱，我也无法得到像罗丝这样的服务。对于老主顾的姓名和住址，罗丝和我一样熟悉。同时，她还在与他们的交往之中得到了很多的乐趣。他们相信罗丝的诚实，她不会在我外出跑长途的时候，想办法拖住他们。如果我确实没空，她常常替他们叫其他出租车公司的车子。对我来说，她是一位不可缺少的得力助手。"

罗丝说道："当自己的丈夫忙的时候，没有谁会忙得没法给他帮忙。如果她确实想帮丈夫的忙，她可以像我一样有效率地安排家务，把剩余的时间用来帮丈夫的忙。"

如果不需要照顾家里的小孩，妻子完全可以到丈夫的办事处去，更加细致地帮助他。

贝拉·巴勒斯太太就是这样做的，她家住在纽约的伊斯特街33号，她的丈夫是一位有名的医生。有一次，由于秘书离职，她就暂时代理这项工作。她干得非常出色，好像她已经在那个位置上工作很久了。她总是在上午处理完家务，下午的时间就帮助丈夫工作。她的丈夫说道："对贝拉而言，这不仅仅是一份工作，她和我同样关心每一位需要我诊视的病人的健康。"

其实，妻子为丈夫事业做的任何事情，都是额外的帮助。不只是工作上，在生活上也是一样，共同的关怀将会促使他们更加紧密结合。因此做妻子的怎么能不尽力去帮丈夫的忙呢？

那些"星期五"式的太太，她们减轻了许多成功男士的工作负担。

英国作家特洛拉普在其小说发表之前,没有人阅读过或是提出过一个字的建议,只有他的太太看过,他说:"她的鉴赏给了我最大的好处。"

法国作家都德本来对婚姻存有顾虑,担心想象力会变得迟钝,后来他认识了茱丽,他的想法就改变了。他最好的作品都是和茱丽结婚之后写的。茱丽有着非凡的鉴赏力,因此都德很重视她的看法。都德的兄弟曾回忆说:"都德每写出一张稿纸,都要让茱丽润饰和修改。"

哈柏17岁时双目失明了,在妻子的鼓励下,他开始研究自然史。他的妻子用她的眼力和观察力帮助他完成研究,终于使哈柏成为了一位伟大的博物学家。

当然,如果对丈夫的工作没有相应的了解和赏识,又想给他帮忙,那是不可能的事。你了解得越多,就越能给他更多的帮助。

即使你不具备相应的知识,无法很好地掌握,不能为他做一些专业性较强的事情,但还是能够予以帮助的。因为只要你想成为他的好伴侣,对他的工作就会有更深的理解,从而增强自己的忍耐力去了解他。

《每一个女人都知道的事》是詹姆斯·马修·格里爵士的一个喜剧,其中有一个场景,女主角玛姬·薇丽睡觉的时候,手臂下夹着一些书,这是她未婚夫正在研究的法律书籍。她对兄弟说:"我懂得他知道的事情。"

妻子对丈夫工作的了解，已经被认为对丈夫的事业有着很大的影响。目前企业界正在努力使员工的太太们具备那些常识性的知识。

过去，一个大公司想要使其职员的太太除了只了解她先生的单位之外知道更多他的工作，那可不是容易的事。现在，情况已经改变了，各种不同方式的资讯正在对"公司的太太们"进行轰炸：小册子、讲演、电影、各种杂志……

《福星》杂志引述杜利伯茶杯公司总经理戴斯礼先生的话说，他计划每两个月就向职员的太太们发行一批公司业务的小册子。他认为："只要她们看过这些小册子，就会对公司业务产生兴趣。"

那些"对公司的业务有兴趣"的太太，将是她丈夫和公司最重要的盟友。

瑞士欧利康市的一家机械制造厂安排了这样的活动，他们让职员的太太们参观整个工厂及产品制造程序，并就各种问题给她们解释。工厂的经营者发觉这是一个有效的措施，他们时常能够从太太们那儿得到很好的建议。

在美国也是这样，许多公司对太太们敞开了大门，而从中得到了良好的效果。在中西部一家家用器具制造厂主办的一次访问中，一位太太观看了她先生在机器边工作的情况后，产生了一个想法。晚上她问丈夫，为什么他的机器不安一个脚踏板来代替那个在头顶摆动的杠杆——这样可以减少不必要的动作，节省许多时间。丈夫把这个建议告诉了他的老板,结果被工厂采纳了,他的劳动效率提高了20%,另外的收获是这个想法给他带来了350美元的奖金。

既然丈夫的大部分时间都用在工作上,当妻子的就应该去关心他所从事的职业,必要的时候,更要为他付出精力和劳动。因为这样不仅能够帮助丈夫获得成功,同时她也得到了分享成功的权利。

每当我阅读不朽的文学名著《战争与和平》时,总是不禁想到,托尔斯泰的太太居然亲手把这部作品抄写过七遍!她不愧为托尔斯泰老先生的"星期五"!

假如你想给丈夫的事业提供一些帮助,那么就这么做吧:

1. 尽可能地熟悉他的工作。

2. 尽力提供他所需要的帮助,因为任何帮助都能使他的工作更加顺利。

05.
把风头留给男人，把风采留给自己

　　自称"吹牛大王"的Ｐ·Ｔ·巴尔摩以欺世盗名著称。有一次，他大肆宣扬他有一匹头尾倒生的怪马，每人要2美分的参观费，结果吸引了大批观众。其实那只是一匹普通的马，只不过是他把马的尾巴绑在食槽里头，能够倒退着走路而已。还有一回，一群好奇的家伙在他的怂恿之下，跑去看"一只樱桃色的猫"，原来只是一只黑猫。不过，巴尔摩解释道，有些樱桃也是黑色的呀。

　　已故的艺人福洛斯·齐格飞更是神通广大，他可不用什么怪物来号召。据传说，任何一位普通女子经他一点拨就能成为倾城倾国的美女。原来在演出当日，他总要送给剧场里每位女艺人一束华贵的花朵，这使她们觉得像美女一般受人青睐。

　　这些善玩把戏的人，能用马和猫吸引观众，使一般女子变成女神。聪明的妻子，难道就不想学习这样的手法让自己的丈夫也受人欢迎吗？

虽然妻子一般不会有太多的机会给丈夫以业务方面的帮助，但是却可以使他在社会生活中受到重视。

只要一个人具有吸引力，就能够给他的工作带来许多好处。无论他从事什么职业，是保险公司的业务员、飞行员、商人、大公司的董事长，还是兜售纽扣和鞋带的小商贩。那么，妻子应该怎样做呢？下面三个方法可供选择：

一、使你的丈夫成为一个容易亲近的人

吉尼·奥特利是著名的乡村歌手，几年前，我和丈夫在一个晚上去访问他。我们本打算在节目的空当，同吉尼和他美丽的妻子伊娜·奥特利去吃饭，可是，在门口被请求签名的青年堵住不能脱身。时间已经不多了，可是吉尼却很高兴地一一为这些青年签名。

我当时想，伊娜对此一定很懊恼，就向她看了一眼，她微笑着对我耳语："吉尼这人就是这样，对谁都不会说一个'不'字。"伊娜·奥特利随意说出的一句话，比那些杂志或者传记中的介绍更能说明她丈夫的品性——热心肠和亲切。

当然，吉尼·奥特利是受人欢迎的。但是有这样一个男人，人们并不喜欢他，而是因为他妻子的良好风度，大家才接纳了他。这个男人阴沉怪僻，傲慢自大。但是，当我们听了他妻子讲述他不幸的童年之后，我的嫌恶心理就变成同情了。原来这个人是个孤儿，从小被寄养在亲戚家里，到处受到人们的轻视和压制。

了解到这个缘由后,我就能够体谅他的怪僻了。虽然这样的妻子未必能够使她的丈夫受人欢迎,但至少可以使他人体谅和同情丈夫的缺点。

一个渴望成功的男人,需要有这样的妻子,她能够使他有人情味从而受到欢迎。许多陷入危机的公司主管因为这样的理由得到谅解:"既然他妻子是这样看的,想来他的本性不是一个大坏蛋吧!"

二、能够促使丈夫将才华表现出来

炫耀自己就是炫耀丈夫,有些女人就是这样做的。她们尽可能地炫耀自己,比如穿貂皮大衣。但是,聪明的女人还知道其他更好的方法。

一次,有个年轻女人找到我,向我请教如何才能练就好口才,以期加深朋友对其丈夫的印象。我告诉她,与其自己多说话,还不如让丈夫多说话,那样会有更好的效果。我费了不少口舌才使她相信这一点。其实,这种把丈夫丢在角落,只管自己和别人谈话的人是很多的。能够从容自然地使丈夫引人注意,最简单的办法是:尽量发挥你丈夫足以使人觉得有趣的特殊才能。虽然在丈夫就职的公司里,表现这种才能的机会不多,但在社交场合倒可以表现一番。

下面举几个例子:

作家卡蒙隆·西普以写艺人传记闻名于世。他为人机智,善于交往。他太太经常在院子里举办聚会,卡蒙隆就常在这时候做他最拿手的牛排招待客人，或者即兴说些笑话给客人听。

约瑟夫·弗里司博士是一位有名的儿科医生，同时还是一位天才的业余魔术师。在他们家有客人的时候，他经常为客人表演魔术。约瑟夫担任主角，太太当助手，两个孩子在需要的时候也能上场助阵。

这些人都很幸运，有这样的好妻子。她们为了使人们把目光集中到丈夫身上，甘心退到后台，把丈夫推到人群之前，而自己隐身在他的后面。这比他们二人各自表现自己的优点，更有助于家庭的幸福。

三、改变话题，使丈夫能够表现他的优点

这样的人比比皆是：工作中受人器重，在社交场合却不会说话。这是因为他成天埋头工作，缺乏交谈经验，不知道在这种场合从何说起。这种男人的最好帮手，莫过于他机灵的妻子了。只有她才能够轻易地引导丈夫参与谈话，使丈夫轻松地开口："这可使我想起吉姆和一个顾客谈的事来了，那是上星期的事情。吉姆，他对你怎么说的呢？"有了这样一句开场白，吉姆就可以很轻松地接着说下去。

一旦谈起最感兴趣的事情来，即使最腼腆的人，也不会畏缩的。

曾经有一位年轻女士对我讲过，她是怎样把她那习惯"缩墙角"的丈夫变成一个在社交场合活跃的人的。她说道："华德是个热心肠，他应该受人喜欢。可是，这一点只有亲近的朋友才了解,因为他的外表看起来很冷漠。但我想看到他受到大家的喜欢和重视。"

"如果只提醒他要加以留意,他只能为此难过。于是我想了个方法,要在不知不觉中改变他。因为华德酷好摄影,有这种爱好的人很多,因此无论我们在哪儿,我都给他介绍这样的人。"

"由于他们一起谈论共同的爱好,他自身的优点就自然而然地流露出来了,之后就渐渐地说到摄影以外的话题了。后来,只要遇到陌生人,我都先告诉他一些谈话资料,比如'史密斯是木材商人,他们夫妇刚从波特兰迁到这里来'等。"

"经过这样的努力,他的优点就表现出来了。如今,他很喜欢参加聚会以及与陌生人交往。他的亲戚和朋友都说这是个奇迹。我也因为'你丈夫是一个大好人'的赞誉而感到欣慰。"

我认识一位保险推销员,他对枪炮的研究很有兴趣,而且在这方面具有丰富的知识。但是,由于他太太只会说一些平平常常的话,结果他的这一优点几乎无人知道。如果他的妻子懂得怎样使丈夫受人欢迎,不知能给他带来多么大的幸福。

06.
扬其长，补其短

你对丈夫的态度，常常会影响别人对你丈夫的印象。

不久前，我给本地一家商店打电话询问电器冷却系统的事情，接电话的是经销商的妻子，她回答了我想知道的事情，接着说道："对于冷却系统，我只略知一二，我丈夫才是真正的专家。如果你需要他上门服务，他一定能够向你推荐你所需要的冷气机。"

我因此对她的丈夫十分信服。当这位男士到我家来的时候，所做的只是看看，而他希望的交易就完成了。

这件事可以说明一个情况：一个聪明伶俐的妻子，胜过任何宣传员。

道西·狄克斯写道："我们时常有这样的感觉，我们之所以会认为史密斯是个高明的医师，认为约翰先生是个大人物，完全是由于他们的太太是这样告诉我们的。"

人确实有这样的倾向：人家说他是这么样的，他真就变成这个样子了。于是，如果你经常对孩子说他没用，他很快会比以前更加愚笨；如果夸奖他很懂规矩，他会更守规矩。大人也是如此，如果在你心目中他将是一个成功者，那么他在无意间就会表现出创造的能力。

有些专业人士的妻子，尤其善于为她们丈夫的特长创造深刻而有利的印象。她们会十分委屈地说："我们原本是要参加这次舞会的。可是威廉刚好在今天接受了那个有名的詹姆斯商行提出的诉讼案件……"或是平平淡淡地说："下个星期要在这里举行医师协会，鲍伯要发表演讲。他真是太忙了，连我都没有机会和他在一起……"

这样的女人会用简单的几句话，给他人一个深刻的印象，不知有多少病人或诉讼者在等着她那才华横溢的丈夫，使得除非她用球棒追回她丈夫，不然他根本无法喘一口气。

儒雅的男人自然不会自夸，不过由妻子来为他吹嘘，只要做得巧妙，是很有益处的。

有一回，在一个舞会上我遇到自己最喜爱的演员安东尼·艾伯特夫妇。我只是在电影、电视上看过安东尼，除此之外，并没有特别的印象。那天，他妻子对我讲了他年轻时代的故事，比如他当年在伦敦老维多利亚戏院的经历，在那里他曾经与很多名伶演出莎士比亚戏剧等。我听后十分感激她，因为这些有关他的故事是不容易了解到的。同时，这也使我对他的才华怀有了更高的敬意。

著名舞蹈明星罗曼·亚辛斯基与莫莎琳·罗琴结为连理。一年前,这对夫妇组织了一个歌舞团在各地巡回公演。我和莫莎琳早就相识,一次,我问她对旅行公演有什么感想,她回答道:"非常好,你知道的,我丈夫一直想自己经营公司。我想将来他会实现这个理想的。他现在做得好极了,不只跳舞,还要兼任导演和歌舞团的管理。"杰出的演艺人员大多不善于经营。既然他妻子说他有这种能力,无形之中就给他增添了不少光彩。

可见,对一个经营事业的男人而言,妻子的巧妙宣传是多么重要!芝加哥律师协会会长柯西曼·毕莎尔在芝加哥青年商会集会上告诉会员们,不要低估妻子在帮助自己事业上的能力。对于那些未来的董事们他也提出了这样的忠告:"尽量博得你妻子的欢心吧。只要她能够做得恰到好处,她将是你最忠心的推销员。用你难以学得到的巧妙方法夸奖你。"

确实如此!这样的妻子不但能够使别人注意自己丈夫的优点,而且还能够将丈夫的缺点降到最低的限度。

每个人都难免有缺点。拜伦是跛子,贝多芬耳聋,拿破仑畏惧当众讲话,连勇猛无比的英雄阿喀琉斯在脚踝上也有一处致命伤……

可是问题在于,女人的缺点只会对其在家庭和社交中的声望产生影响,而男人的缺点就很严重了,它往往会使其一生都处于不利地位。比如,在社交场合,每个人都知道记住他人的名字和长相很重要,但他们又都抱怨这太困难。因此,妻子与其责怪他记忆力不好，不如自己记住这些名字，以便在丈夫一时想不起的时候适时给他提供帮助。

我丈夫也是个大忙人，因此也和别人一样总是记不住他人的名字，我们对此想出一个补救的措施，如果我们将要和很多人会面，就由我来记住他们的名字，再来训练他。具体方法是这样的：我在谈话中尽量重复这些人的名字给他听。比如："哎，你最近去过鲁滨孙夫人那儿吗？你没有忘记鲁滨孙夫人吧，就是她曾经对我说起雷·路易斯的事情。"

虽然这是些小技巧，但是能够使丈夫不至于陷入窘境。要想做到这一点，你自己必须做到听到一个人的名字就尽量记住不忘。既然我们比丈夫有更多时间，应该不难办到。只要你愿意这样做，同时多加练习，任何一位妻子都能成为丈夫的存储器。

只要妻子能够下功夫，她都能够改造好丈夫，即使他没有受过较好的培养。在那些大人物中，有不少是年轻的时候在贤妻的协助下获得成功的。

由于现代生活要求人们投入过多专业性的研究，所以很多人对其他人的事情无暇关心。如果这位先生有一位好妻子，能够在朋友们谈起文学、音乐之类的话题时应对如流，将会多么的欣慰！

人越谦逊越好，固然如此。不过一旦流于自卑就会造成相反的结果，使人信以为真而把自己当作一个微不足道的人。要想避免这种危险的后果，以下三点可供参照：

1. 不断提醒他曾经成功完成的事情。

2. 利用各种机会让他发言，发表他自己的意见。

3. 与那些能够和他交流并欣赏他的朋友交往。

虽然一个男人的内在价值并不在于他所带给他人的印象，不过，正是这些印象决定了别人对他的看法。因此，帮助你的丈夫给他人留下良好的印象，就是你的义务。

第五章

在婚姻的江湖，
适当"放男人一马"

01.
尊重他的爱好，收获他的宠爱

能够与丈夫共同分享他的爱好，将会给他带来快乐。但是同样重要的是，要让他保持一些完全属于他自己的特殊癖好。

在《婚姻的艺术》一书中，安特莱·摩里斯说："夫妇之间，如果不能相互尊重对方的爱好，就休想有幸福的婚姻。进一步说吧，那种以为两人之间会有完全相同的思想、愿望、意见的想法是极为可笑的。不可能有这样的事情，也不应该这样期盼。"

所以，应该让丈夫有他自己的天地，应该让他随兴去做他喜欢的事。譬如集邮，或是别的什么你不能领受它迷人之处的事情。

荷马·克罗伊是《威尔·罗杰斯传》一书的作者，在他写这部电影剧本时，曾经长期在加州圣塔蒙尼卡罗杰斯的农场居住。克罗伊对我说，他在农场住的时候，有一次威尔·罗杰斯急于要一把刀——一种十分难看，可杀伤力极强的南非大刀。

当时，罗杰斯太太不知道她的丈夫为什么想要这东西，她觉得应该劝他别去买。因为如果他买来了，可能只是拿来看两眼就搁到一边了。不过，她想了一会儿之后决定迁就丈夫，还亲自赶到城里为他买回了那把刀，威尔兴奋得如同过圣诞节的小孩子一般。

在牧场里有一片长满刺的矮树丛，威尔经常带着这把刀，一个人走到那里砍上几个小时，清理出一条行人可以通行的道路。只要遇到了一时无法解决的问题，他就提着那把刀，独自跑到那儿像疯子似的大砍一番，彻底地发泄一通。当他汗流浃背地回来时，他的难题也多半解决了。

威尔·罗杰斯常对我们说，他所收到的最好的礼物就是那把刀。罗杰斯太太想起那时本来以为没有意义，但最终迁就丈夫并帮助了他这件事，也感到很满意。

一种癖好往往能给男人带来好处，威尔·罗杰斯那把刀就是个例子，它能帮助他发泄紧张的情绪。

培养一些工作之外的爱好，不但能够给男人带来好处，对妻子也有益。

詹姆斯·哈利斯太太住在俄克拉荷马杜尔沙市东艾德蒙区3831号，她是我的表姐，她的丈夫在一家石油公司做地区审计员。詹姆斯·哈利斯先生一得空闲，不是装饰屋子就是修理家具。当然，他出色的手艺也是他太太十分欣赏的，有了这种癖好，家庭生活自然要愉快得多了。

詹姆斯·哈利斯先生还有另外一个癖好，就是教他们家的一只苏格兰小猎狗耍把戏，这给每个人都带来了很多乐趣。当然，小狗耍的把戏是业余水准的，但却很受大家喜爱。小狗最拿手的把戏是弹风琴，起初只用前脚弹，到后来就四条腿一起来！

不过心理学家警告我们：如果一个男人开始过于着迷他的癖好，而对他的职业不太热心，你就要留意了！这意味着事情有些不对头了，他正在以此方式来逃避正式的工作。可能存在某些问题，使他对工作不再感兴趣，这时候应该帮助他分析精神状况，并且设法补救。因为满足爱好的意义在于调整生活的步调，宣泄紧张情绪。爱好应该是紧张工作的润滑剂，而不是为了代替工作。

正面意义的嗜好，有很大的功用。这里有一个相当戏剧化的例子，就是艾立克·G·克拉克夫妇。第二次世界大战期间，他们曾被关在日本战争俘虏营里。

克拉克先生本来在上海股票交易所供职，1941年他和妻子露丝被日军拘留在中国的华南，他们和其他1874名英国和美国俘虏一样，在困苦饥饿中挨过了30个月的俘虏生活。

克拉克先生在《基督教科学箴言报》的采访中说："那段日子使我们认识到，一个人可能被剥夺家庭、职业、财产，但是只要他有敌人无法破坏的兴趣，他就不会精神崩溃。当然，我所说的兴趣是指那些具有创造性的嗜好，如对于音乐或者文学的爱好，这些是任何人都无法破坏的。"

克拉克太太是研究中国玉石和纺织的学者，在战俘营里，她向大伙儿讲授这些知识。在她的精彩描述下，他们得以忘记自己所处的悲惨环境。

克拉克先生曾经致力于圣乐的推广，第二次世界大战前，他在上海组织了圣乐合唱团。他在战俘营里也没有空耗时间。虽然战俘营被严格限制带进东西，克拉克太太还是巧妙地带进了乐谱。因为有了教材，在克拉克先生的指挥下，战俘营组成了合唱团，他们能够从圣诞颂歌唱到吉伯特与苏利文的歌剧。

正是有了这些经历，由克拉克先生来讲个人爱好的价值就很具权威性了。他说："无论是男是女，我奉劝每一个人都要培养一种爱好，不管是自发的还是被强制的，这样在退休的时候，它可以给你的生活带来许多乐趣。"

听了克拉克先生的劝告，你还有什么理由不鼓励你的丈夫培养一种有益的兴趣爱好呢？

当你的丈夫有了自己的癖好之后，你还必须把另一项同样珍贵的权利交给他，就是让他独自去做他所喜爱之事，使他觉得拥有真正属于自己的东西。这不正是所有人都渴望得到的自由吗？你的丈夫当然也是这样的人。

有个单身汉对我说，如果有这样一个女人，她愿意陪伴他，而且在他想独处的时候，能够成全他，让他独自去做自己喜欢的事，那么，他立即就和这个女人结婚。

一个家庭主妇可能有太多独处的时候，所以她们通常对男人这种奇怪的愿望无法理解。其实一个男人被"撇下不管"，并非意味着真正的孤寂，相反，他们借此从女性的需求和束缚中解脱出来，获得了一个自由自在、自我支配的机会，至少也能享受一下自由独立的感觉。

比如，丈夫们往往通宵离家打保龄球，或是玩一晚上纸牌，有的则酷爱钓鱼，还有的整天拿工具检修车子，或是捧着一本侦探小说……无论丈夫怎样安排这些快乐的个人时间，他们都会从中获得一种自由独立的感觉。明智的女人，应该尽心尽力促成这些事。

这件事我是从经验中了解到的。在我们生活的20年里，每个周日下午，我丈夫都是和他的老友作家荷马·克罗伊共同度过的。戴尔认为，他不能因为结了婚就必须放弃这个乐趣，因为一个星期的其他时间我们都在一起。后来，我也有了自己星期天下午的活动安排。我丈夫和荷马在那个下午的时间里，要么在森林里散步，要么到处闲荡，或是走进某个平常难得去的餐馆，吃一些特别的东西，或是干脆轻轻松松地聊一番……他们是在享受一种轻松、自在的乐趣。然后，他们又回到自己妻子的身边或者埋头进行工作。正是这些"随心所欲"，给予他们新鲜、愉快的体验，从而恢复活力去面对新的一周。

请记住，做丈夫的都时常想从家庭束缚中挣脱出来。假如你能够帮他养成一些有趣的癖好，同时给他们自由去享受那种爱好，那么，你就是在为你的丈夫创造幸福。

不受妻子轻蔑和唠叨的男人是幸福的，他工作的劲头一定更足，而且更可能获得成功。

02.
玩到一起，才是好伴侣

共同分享一件东西，无论是一杯茶或者一个奇思妙想，都能够使人备感亲密，而分享自己爱人的特殊爱好，就是一种幸福了。专家就是这样强调的！C·G·伍德豪斯对250对幸福夫妻做过调查，发现婚姻成功的关键因素，就是夫唱妇随。

那么，夫唱妇随有哪些要素呢？共同的爱好、共同的朋友、共同的生活目标……正是这些东西把他们紧密联系在一起。

让我们看一个实例吧！亚瑟·摩里和他的妻子卡丝琳结婚28年来，一直在一起从事舞蹈教学工作，他们很可能是有史以来学生最多的舞蹈老师。

我向卡丝琳询问："你们这样天天在一起工作，怎样避免生活陷入单调乏味之中呢？你们觉得把工作与私人生活分开是一件很难的事情吗？"

卡丝琳说："一点也不难！我只要稍微休息一下就可以了。我总是尽量打扮得漂亮些，只因为我丈夫在身旁。我不在乎别人看到我没化妆的样子,可是我不愿意让丈夫看到。更为重要的是,我们能够共同分享相同的爱好,我俩都喜欢打网球和玩游戏。只要有机会,我们就一起去享受这些活动的乐趣。上个星期,我们一起去百慕大旅行。共享生活的乐趣,使我们紧密相契。"

如果婚姻生活只有工作没有乐趣,的确会变得枯燥无味。如果妻子能够分享丈夫的爱好,就可以促成她"夫唱妇随"的愿望。

在《临床心理》杂志上,哈里·C·史坦梅斯写道:"在婚姻生活中能迎合对方的爱好,可能比共同的兴趣和气质更加重要。"

尼罗河的古埃及艳后克里奥帕特拉,想来从没有学过心理学,但是却很精通应对他人的方法,特别是男人。克里奥帕特拉并不是顶尖的大美人,使得她所向披靡的主要原因是:一种和他人共享特殊爱好和快乐的能力。

克里奥帕特拉精通所有附庸国的语言(她的祖先可不会去学这些语言)。当使节前来朝贡之时,她能用他们的方言与之交谈,这样,她很快便赢得了他们的好感。

据说罗马帝国的将军安东尼酷爱钓鱼,在他远征埃及的时候,克里奥帕特拉就放弃自己奢侈豪华的享乐,经常陪安东尼一起去钓鱼。有一次,安东尼半天也没钓到一条鱼,她就叫一个奴隶悄悄地潜到水底,在他的鱼钩上挂上一条大鱼。为了博得安东尼的欢心,克里奥帕特拉有时候还化装成平民,于是这一对贵族就钻进亚历山大的下级赌场去狂欢一番。总之，只要是安东尼喜欢做的事情，她都乐意去做。

可是，我们这些做妻子的有多少愿意穿上粗布衣和马筒靴，无视潮湿或严寒，陪伴自己的丈夫去钓鱼呢？

有些孤单而且没有快乐的太太总是抱怨她们的丈夫，说他们把周末时间都浪费在高尔夫球场了。其实，她们应该向我的朋友弗洛南茜·赛门克学习。

里昂·赛门克是著名的工程师，许多城市的马路和大桥都是他设计的。同时，他还是个优秀的运动员，几次加入奥林匹克剑道代表团，曾经还获得过高尔夫球比赛冠军。他刚结婚的时候，他的妻子弗洛南茜连这些运动最基本的术语都不知道。但是，现在她不仅学会了打高尔夫球，而且三次获得全国女子剑道比赛冠军，数次被选入奥林匹克代表团。假使她不看重和丈夫共享兴趣与爱好，不愿意不厌其烦地刻苦学习，她的丈夫就将要舍弃生活中某些有价值的活动，或是在自己丈夫投入他所喜好的运动时，她只好承受孤独寂寞的生活。

对这种贵族式的运动，艾德加·华司太太可就没有这么大的兴趣了，不过，她很清楚丈夫在繁重的工作之后，需要喘一口气，因此她总是陪丈夫去看比赛，和他一起欣赏那些名驹，尽可能地让丈夫在这项消遣上得到更多的乐趣。

如果妻子学会与丈夫共享休闲娱乐中的乐趣，还怕被丈夫丢在一边吗？你的丈夫能不同你一起去玩乐吗？除非他是一个无可救药的利己分子，要不然，就是你没有尽到自己的责任，把你们的家变成一个快乐休憩所。

　　法兰西斯·休特太太住在纽约塞拉古斯城罗朗街508号，她刚结婚的时候，过得很不愉快。因为尽管休特太太希望丈夫能更多地留在家里，但是她的丈夫仍然在空闲时间和朋友外出闲游。不过她没有因此而抱怨、唠叨，或是跑回娘家去哭诉，相反，她用心研究丈夫的兴趣，并且迎合他的爱好。

　　休特先生是个具有专家水准的象棋爱好者，于是她要丈夫教她下棋，结果她也成为了一位很高明的棋手。休特先生喜欢交际和舞会，于是她努力使自己的家变得非常舒适，这样一来，她的丈夫就常常把朋友带回家来，不再整天往外面跑了。

　　如今休特夫妇已经结婚40年了，这种做法真是非常有效。休特先生从那时起就不常到外头去玩了。休特太太还说，现在就是想拉他丈夫出去也是件很困难的事！

　　她对我说："使丈夫快乐，我认为是妻子为丈夫所做的事情中最为重要的。我最大的愿望，就是尽力与人融洽相处，做一个快乐的家庭主妇。"

　　休特太太确实善于做一个好伴侣，难道你不希望分享丈夫的爱好吗？

03.
唠叨、枪、男人

桃乐丝·狄克斯这样写道:"一个女人的脾气和性情,对一个男人的婚姻幸福与否,比其他任何事情都重要。即使她拥有全天下所有的美德,但如果她脾气暴躁、性格孤僻、唠叨挑剔,那么这一切美德都是枉然。"

"有很多男人放弃了可能成功的机会,那是因为他太太对他的每一个心愿都浇冷水,她们只会无休止地挑剔。例如,动不动就责怪自己的丈夫没本事,不能像她认识的某个男人那样赚大钱,要么就是他为什么写不出畅销书、得不到一个好职位……娶了这样的女人,做丈夫的怎能不垂头丧气!"

对男人来说,一个女人爱唠叨挑剔,比奢侈浪费更为不幸。当然,不做家务和行为不检点,也将增加婚姻的痛苦。关于这一点,你不必马上同意我的话,先听听专家怎么说吧。

心理专家路易斯·M·特曼博士进行过详细的婚后生活调查,对象是1500对夫妇。结果发现,被丈夫们认作妻子最严重的缺点是：唠叨挑剔！盖洛普民意测验得出的结果也与此相同，男人把唠叨挑剔列为女性最严重的缺点。詹森性情分析是著名的科学研究机构，它的研究也证实，唠叨与挑剔比其他恶癖给家庭生活带来的伤害更多。

不幸的是，好像从穴居时代开始，太太们就竭力使用唠叨和挑剔来左右自己的丈夫。相传苏格拉底躲在雅典的树下苦思哲理，大部分的时间是为了逃避他那脾气暴躁的太太；亚伯拉罕·林肯和法国皇帝拿破仑三世，这些杰出的大人物都饱受妻子的唠叨之苦；奥古斯都·凯撒因为实在"无法忍受那暴躁的脾气"而和他的第二任妻子离婚。

虽然至今仍有许多女人以这种方式来改造丈夫，但是，这种方法自古以来就没有起过什么好效果。

我有一位老朋友说，他所做过的每一件工作都受到太太的轻视和嘲笑，他的太太几乎毁了他的事业。他开始时从事推销，他对此很热心，而且喜欢自己的产品。每天晚上回到家，他本想得到一些鼓励，但是他太太总以这样的话来奚落他："好哇，我们了不起的天才，生意很好吧？我想你一定知道，房租下个星期到期了。你是带回来数不清的佣金，还是只带回来经理的一顿训呢？"

尽管不时受着太太的冷嘲热讽，这几年来，他还是努力不懈，现在已经成为一家著名公司的执行副总裁了。那么他的太太呢？噢！他们已经离婚了。他后来娶了一位年轻女孩，她能够给他以爱心和支持，这是他无法从前妻那里得到的。其实，他的前妻并不知道为什么丈夫抛弃了自己，她说："我这些年吃尽了苦，省吃俭用……如今他不再需要我替他做牛做马了，去找年轻人了。男人都是这样毫无良心！"

如果我们对她说，使得丈夫离开她的原因并不是另外的女人，而是因为她的唠叨挑剔。这位女士想必不会同意。但是，她的丈夫之所以离开她，的确是因为这个原因。而且，她的唠叨挑剔是以一种轻蔑的方式表现出来的，一个男人无法忍受其自尊受到这样的打击和折磨，本来他认为有能力养家的自尊被她打垮了。

我另一位老友的儿子也有同样的经验。他从事广告行业，20多岁。因为激烈的竞争，他渴望安慰和体谅，以此来维持斗志。但是他太太却是一个十分好强的人，她对丈夫的动作缓慢、手腕不灵活感到很不耐烦。由于经常遭到太太的嘲笑和指责，他变得意志消沉。他亲口告诉我，他太太已经把他的自信心完全腐蚀掉了，一点一滴地如滴水穿石，他开始对自己的工作没有信心，感到难以施展开；后来他失去了工作，不久太太就跟他离了婚。离婚后，他好像一个生过病的人逐渐恢复健康一样，又渐渐地恢复了失去的自信。

这种唠叨挑剔最具伤害性的方式，就是动辄拿丈夫与他人相比："你为什么赚不到大钱？你看人家比尔·史密斯已经升了两级，你却还在原地不动！""哥哥能给嫂子买毛皮大衣，那是人家知道怎么赚钱呀，你有那个本事吗？""如果我不是嫁给了你，而是赫伯特，现在不定过得多舒服！"……对于一个男人来说，哪一句不是一把利刃？

凡是愚蠢残酷的女人，都嗜用这些手段：诉苦、抱怨、比较、冷嘲热讽、喋喋不休。她们不是专精其一，就是兼而有之。这些本领就像麻醉剂，它是习惯养成的，既学不来，也改不掉。

假如一个20几岁的女人经常这样唠叨："什么时候，咱们也能住进麦金家那样的新房子呢？"那么，当她40岁的时候，必定变成一个凡事都不满足的令人憎恶的抱怨专家。

在婚姻生活中，从不吵架的夫妻很少有。对于成熟的人，寻常的争执不会成为负担，也不会导致感情破裂。但是，长期无休无止的唠叨，产生的影响会压垮一个人的进取心。不论一个男人在白天做过什么大事，如果他每天晚上回到家后都要面对喋喋不休的太太，难保他不会从事业的顶点摔下来。

沙姆·W·史蒂文生博士是弗吉尼亚大学教授，他在最近一次演讲中宣称，美国的丈夫们应该享有四大自由：不受唠叨挑剔折磨的自由、不被妻子使唤的自由、免于消化不良的自由，以及在繁忙的工作之后，都能够在家舒舒服服地休息的自由。

女人为什么老是对丈夫絮叨不停呢？看来真有不少理由。如果唠叨来自于我们的身体不健康，应该找医生检查，这样才能帮助我们恢复健康，就如我们的汽车需要经常检查，使其保持良好的状况一样。

长时期的困乏，会转化成唠叨。治疗的方法是找出疲乏的原因，这样才能消除它。心理学家认为："唠叨经常是由于受到压抑的打击。"性的挫败、爱情的失落、亲戚的问题、对人生的失望，这都是典型的打击，人们常以诉苦、唠叨、抱怨的方式发泄出来。对一个人进行心理分析，引导他们发泄出来，做与此有关的事情，是消除压抑的最佳途径。以唠叨的方式发泄，无异于火上浇油。

甚至在法律上，也有将唠叨作为减刑的依据。从瑞典斯德哥尔摩发山的新闻称，瑞典国会通过了一个使人十分惊奇的关于谋杀判罪的修正法案——如果证明被害人是一个酷爱唠叨的人，将不把预期杀人的罪行判成谋杀，而是过失杀人！还有，认为丈夫为了逃避妻子的唠叨，去住旅店而不回家应是无罪的，这是乔治亚州最高法院的一个判例。法庭这样说："所罗门王说，'与其住在大厅而受女人的闲气，不如住进阁楼的角落。'"

在英国，有一位法官批准了一个离婚要求，因为那个人的妻子曾与他人私奔。不过却把丈夫的赔偿金额从7000英磅减缩为210英磅，他解释说："由于他们常年反目，妻子对于丈夫的价值已经大打折扣。"

专栏作家哈·贝尔在纽约的《美国新闻》杂志上曾对此评论："法律明文记载妻子的价值因夫妻失和而逐年递减，哪个女人愿意这样呢？这个判例并不很妥当。这种观念一旦形成，只怕会有很多丈夫跑进法院：'我要离婚，法官。但请你免去我要负担的赡养费，因为我老婆和我一向不和，她早已不值一钱，我给她自由就很好了。'"

确实，有些男人不仅愿意给他太太恢复自由，而且不惜钱财摆脱她呢！

在最近一期《世界电讯》杂志上面，载有这样一则新闻：一个50岁的汽修技工雇了三个流氓把自己的太太杀死了。这是为什么呢？他宣称是因为他的太太一天到晚不停地唠叨，对他横加挑剔。

既然唠叨对于男人的成功有这么大的损害，你是否愿意知道对此可有补救之法？很简单，让那爱唠叨的人了解她所带来的恶果，并且诚心改过。唠叨是一种具有破坏性的心理疾病，只有知道自己患有疾病时，才能进而医治它。如果你怀疑自己患有此病，请问问你丈夫就知道了！假如他说你是个爱唠叨的人，请不要生气，也不要与他争辩，那样只能证明他的意见正确；相反，你应该立即设法医治此症。以下的六个建议，可能将对你有所帮助：

一、与丈夫及家人合作

只要你一发牢骚开始喋喋不休，或者开口大骂，就让他们罚你两美元。

二、养成什么事只讲一遍，然后就忘掉不提的习惯

如果你必须很不耐烦地提醒丈夫六七次，他曾经答应了要去做某件事情，可现在他想必不会去做的时候，干吗还要白费

唇舌呢？这样的唠叨只能使他更加反感，下决心跟你对抗而已。

三、设法通过温和的方式达到你的目的

有句古话说得好："要抓苍蝇，甜的东西要比酸的东西更有效。"这句话至今仍是真理。"亲爱的，如果你现在去除草，晚上我给你做你最爱吃的水果饼。"要么说："亲爱的，你把我们的草地修得这么平，真是太令人高兴了，艾伦太太刚才还说，如果她丈夫有你这样勤快就好了。"以这样的方法，将更容易达到你的愿望。

四、要尽量做到轻松幽默

幽默是使你常保愉悦心情的好方法。虽然在悲伤的场合面带笑容肯定有点傻里傻气，可是把一些小事情都当成悲剧的话，你早晚会精神崩溃。有的太太竟然在催促丈夫去拿浴巾时，也大动肝火，仿佛这事如同麦克白夫人唆使她的丈夫去谋杀国王一般严重。只要这个女人还有理智，就不会为一件便宜的衣裳支付法国进口货的价钱。但是在我们的生活中，却有人常常紧绷着脸，将一些无足轻重的小事转变为不必要的怨恨。

五、在讨论一些不愉快的事情时，要保持冷静

对那些不太愉快的事情，最好是写在纸上。等你们情绪冷静以后，再拿出来看。这时，如果这件事情并没有什么要紧，你一定会丢开，不好意思再提它们。不然，干脆把心事讲出来同丈夫理智地商量，也许你们能够利用彼此的信任和合作，共谋解决之法。

六、如果你不唠叨就能实现自己的愿望，应该感到骄傲

学习有关人际交往的艺术，巧妙地给人以激励，而不是勉强他去做你想让他做的事。查尔斯·史考伯认为这才是驾驭男人的秘诀。不错，有人付他 100 万美元的年薪！正因为他有这种能力。

有一首歌这样唱，你不能用一把枪套牢一个男人；同样，用唠叨也不能使他折服。那样只会挫败他的意志，使你自己的幸福毁灭而已。

04.
把丈夫当"艺术品"而不是"半成品"

《圣经》中神对男人和女人说:"你们要共进早餐,但不要在同一个碗中分享;你们要共享欢乐,但不要在同一个杯中啜饮。像一把琴上的两根弦,你们是分开的也是分不开的;像一座神殿的两根柱子,你们是独立的也是不能独立的。"

这段话形象地说明了婚姻关系中两个人的韧性关系,拉得开,但又扯不断。谁也不能过度地束缚对方,也不能彼此互不关心,有爱,但是都在适度的范围之内,这才是和谐的婚姻。可是很多人似乎并不能体会到婚姻的真谛,在他们眼里,对方身上有很多缺点,他们常常试图通过各种途径让对方改掉坏习惯。可是习惯的产生是日积月累的作用,在自己身上已经存在了十几或者几十年,当然不会轻易改掉。于是夫妻之间的矛盾就产生了。

夫妻之间产生争执的主要原因,是他们把婚姻当成一把雕刻刀,时时刻刻都想用这把刀按照自己的要求去雕塑对方。为了达到这个目的，在婚姻生活中，一方当然就希望甚至迫使另一方摒除以往的言行及生活习惯，以符合自己心中的理想形象。但是有谁愿意被雕塑成一个失去自我的人呢？于是"个性不合""志向不同"就成了雕刻刀下的"成品"，离婚就成了唯一的一条路。

每个人本身都是"艺术品"，而不是"半成品"，人人都企望被欣赏，而不愿意被雕塑。所以，不要把婚姻当成一把雕刻刀，老想着把对方雕塑成什么模样。婚姻需要的是一种艺术的眼光，要懂得从什么角度欣赏对方，而不是去束缚对方。彼此之间的空间太小了，谁都会感到不安。

在生活中，我们常常会注意到，在深夜观看足球比赛的丈夫们，身边会有对足球并不是十分感兴趣的妻子陪着；虽然不喜欢厨房的油烟，可是妻子还是每天都准备好了可口的饭菜，等着跟丈夫、孩子一起分享……

婚姻，不是一个人的付出，只有两个人同心协力，才能营造一个温暖的家。可是并不是所有的人都能注意到对方的付出，甚至有的人会把对方的付出看作是想当然的。如果对方稍微有什么地方做得不好，就加以指责，这样的做法无疑会伤害对方的心，会让对方觉得一切的努力都白费了。

爱一个人，就应该让他感觉到幸福，而不是要给他原本疲惫的心灵增加新的创伤。虽然因为个性的不同，两个人没有办法完全融为一体，但是一定要让对方感受到你的存在，让他体会到你对他的欣赏和爱护。在他犯错的时候，给予善意的提醒，而非指责，有时候一个善意的眼神也会让对方觉得很温暖；在他犯傻的时候，给予适当的爱抚，告诉他"你真可爱"，一句看似不经意的话语，却可以激起爱的涟漪，让对方感受到你的体贴。

　　每个人都会有缺点，我们要做的是在对方的缺点中找寻到对方的闪光点，而不是试图改造对方，如果你想彻底把爱人改造成自己希望的样子，不如先试着改造自己。

05.
乱插手，生活怎能不乱？

最近，我参加了一个晚宴，旁边坐的是一家大型的知名公司的公关部经理。我向他请教，妻子应该怎样帮助她们的丈夫取得成功。

他回答，最重要的是两件事情：一件是要爱他，一件是不要干涉他的工作。一个好妻子，应该为丈夫创造一个愉快舒适的家庭环境。如果她能够让自己的丈夫安心工作，那样她的丈夫就能发挥最大能力获得成功。

他还说，这种体贴关心也可以应用在妻子与丈夫工作的关系上，以及和丈夫同事的关系上。他说："有些妻子喜欢干预丈夫的各种事，活像是她丈夫事业的非正式顾问。她们或者抱怨丈夫的薪水低，或者不满他的工作时间，或者反感他的同事；这种妻子只能扼杀她丈夫的前程。"

许多已婚女人都梦想着在自己的帮助下，丈夫能够爬上经理宝座。她们进行谋划，想出一些策略，进行各种活动，她们试探、询问,并且在丈夫的同事之中培植友谊。可是通常她们会弄巧成拙,把丈夫原来的职位也给断送了,而非提升一级。

我就遇到过这样的事:我去年就职的那家公司有一天来了一位新的经理,他很适合这个职位。但令人不解的是,他的妻子始终对他进行干预。她每天早上都和丈夫一起到办公室,记下他的话,到外头交给打字小姐,或者亲自调阅文件。这是真实的事,绝非我的捏造!

她完全破坏了办公室的工作情绪。一位女职员首先辞职了,剩下的人也在观望着。结果,这位新经理上任不满一个月,就被董事长礼貌地叫了去,并被告知不能再留他了。于是,他只好带着他的妻子走了。

这是否有点过分呢?也许吧。但是,确实有许多人被解雇是因为极其微小的细节。妻子对丈夫的工作进行干预,即使出于最好的动机,也是一件有风险的事,而且比大多数人认识到的更为严重。

有个朋友告诉我,他公司一位很受董事长器重的经理,不久前被迫辞职了,因为他妻子总是干预他的工作。她策划了许多阴谋与公司的其他几位经理对抗,因为她把他们看作丈夫的对手。她还在他们的太太之间散布谣言、挑拨是非。她丈夫也对她没有办法,只能做他唯一能做的事:辞职了之。

假如你也喜欢这种幕后操纵,我将告诉你一些更简便的法子。为此特列出十种,只要你依照指示行事,一定能够扯住你丈夫的后腿，把他拉下成功的阶梯，使他爬不上去。也许还不至于使你丈夫失业，但至少会使他神经衰弱！

一、存心猜忌他的女秘书，特别是那些年轻貌美的

不要错过任何机会，提醒她，她只是个佣人。也许她并不把你丈夫看成天才而去追求他，但也不能因此放过她。虽然失去一个能干的秘书，对一个追求事业成功的男人是个不小的损失，但也不必发愁，她辞职了，你可以代替她嘛。

二、每天都给你丈夫打几次电话

把你在家里碰到的小事情都告诉他，询问中午同谁一起吃的午餐，还不要忘了给他开一张购货单，要他回家的时候买些东西回来。发薪的日子千万要到他的办公室去找他，让他的同事知道谁才是真正的一家之主。如此一来，你丈夫工作的劲头才会像垂死的植物一样迅速凋萎。

三、在他同事的太太之间制造一些摩擦

这会非常热闹，因为没有一个太太是好惹的。你应该散布一些有趣的闲言碎语，比如你丈夫对她丈夫的看法、她的丈夫曾经怎样被上司批评等。不用多久，你的目的就会达到，因为他们的办公室肯定会分裂成许多派系。

四、别忘了提醒他，他的工作多、薪水少

他的工作太多，可是薪水却很低，可见在办公室他不被人看重。用不了多久，他就会相信你所说的一切，并且在工作上反映出来；然后呢，他会去另找合适的工作了。

五、要经常指导他该如何改善工作、提高业绩，以及如何奉承上司

别忘了要摆出一副高高在上的态度。毕竟他只是坐坐办公室而已，你才是真正的谋略家。

六、想方设法摆排场

举行豪华舞会，哪怕入不敷出，使你的丈夫看上去像个成功者。至少在一段时间里，你会生活得很舒适，而且还有很多人在你的背后窃笑呢。

七、在你丈夫的周围布置侦探网

监视他和女职员以及同事太太的关系，因为工作上的需要，女士们必须留下来，他们为了避免她们的诱惑，只能待在自己的房间里工作，这也毫无意义。因为，你早就看穿了那些女孩子，个个都是喜欢勾引男人的色情狂。

八、如果你有机会向他的老板献媚，赶紧使出你的浑身解数吧

如果老板还没有想到开除你的丈夫，那么老板娘也会为他另找一个上司，于是你又可以试试你的手段了。

九、如果公司举办宴会，你何妨豪饮一番呢

表现出你的幽默——说说你丈夫度假时的滑稽事，或者他上床时穿的睡裤有多可笑……这些趣事，都会给宴会带来许多笑料，你将因此变成宴会上最露脸的人——拿你的丈夫来寻开心，你将有说不完的料。

149

十、时刻提醒他要以你为先

只要你丈夫需要加班、出差时,就跟他吵闹、抱怨,让他明白你才是最重要的,无论付出任何代价,都应该照顾好你。

如果你想使出一流的手段,毁掉你丈夫的前程,你就依着上述的十条规则去做吧。你丈夫将失去工作,你也将失去他!

06.
爱是自私的，但爱人不是私有财产

很多热恋中的情侣走进了婚姻的殿堂之后，他们可能很难适应热恋与婚姻的温差。尤其对于女性来说，总是希望丈夫像热恋时一样与自己如胶似漆。但生活中一些事情常常是物极必反的：你越是想得到他的爱，越要他时时刻刻不与你分离，他越会远离你，背弃爱情。你多大幅度地想拉他向左，他则多大幅度地向右。

常常听结过婚的人谈起自己婚后生活的不顺心，为什么两个人都极为珍视的结合最后会成为感情的障碍？为什么为了更好地爱对方而结婚却使两人离得越来越远？看完下面的这篇文章，也许会对我们有所启示。

露丝和丈夫三年前结婚，当时丈夫还是一个小职员，每天在外奔波。他的腰间仅有一个寻呼机。每天一到下班露丝就播寻呼要他回来，生怕他在外面学坏了。久而久之，丈夫的同事都笑称他带的是一台"寻夫机"，弄得他很尴尬，回到家就冲露丝生气："亲爱的，你每天一下班就催我回家，这让我觉得很烦啊！"

一听这话，露丝的委屈如潮水一般涌上来："我是因为关心你、爱你、害怕失去你才这样，可你却丝毫不领情……"久而久之，他们的感情便日渐疏远。

后来露丝偶然间读到一篇文章《放开他，并不等于失去他》，文章里描写了一位和露丝处境相同的妻子，生怕失去丈夫，因此就无时无刻不监视着他，弄得他心烦意乱，最终提出了离婚。

读到这里，露丝猛然一惊：是啊，为什么一定要把男人死死地看着呢？他有自己的事业，有自己的天空，为什么不放开他，给他一定的自由呢？从此，露丝改变了很多，不再追根究底地查丈夫的去向，丈夫对露丝的态度也因此有了明显改善，晚回家时总是会给露丝打电话说一声。

在结婚纪念日的时候，丈夫动情地对露丝说："曾经有一段时间，我觉得自己好像犯人一样。我为了能让我们的生活过得更好在外面打拼，回家却还要接受你的拷问。那段时间我很苦闷。而突然你像变了一个人一样，总是对我很宽容，也给了我作为男人足够的自由，让我可以专心于事业。也奇怪了，之后我每当超过八点还没有回家就会很惦记你，所以都会给你打电话。"

女人在爱情上的不幸，除了遇人不淑外，很大程度上是出于对爱理解的偏颇。爱是自私的，但爱人绝不是私有财产，爱应该用温柔、体贴、理解、沟通来维系，而不应该用"刑侦监控"，甚至"以死相逼"的方式把丈夫时刻拴在身边，这样只能适得其反。

一个即将出嫁的女孩，向她的母亲提了一个问题："妈妈，婚后我该怎样把握爱情呢？"

"傻孩子，爱情怎么能把握呢？"母亲诧异道。

"那爱情为什么不能把握呢？"女孩疑惑地追问。

母亲听了女孩的问话，慢慢地蹲下，从地上捧起一捧沙子，送到女儿的面前。只见那捧沙子在母亲的手里，圆圆满满的，没有一点流失，没有一点撒落。接着母亲用力将双手握紧，沙子立刻从母亲的指缝间泻落下来。当母亲再把手张开时，原来那捧沙子已所剩无几，其团团圆圆的形状，也早已被压得扁扁的，毫无美感可言。女孩望着母亲手中的沙子，领悟地点点头。原来爱情需要空间，握得越紧，失去的反而越多。

爱无须抓得太死，也不必给得太多，多了也会让人窒息。爱情就是这样，爱本是生命中深切的关怀与体察，无须刻意去牵扯，越是想抓牢，越容易成为枷锁。爱情需要自由呼吸，不管是"硬泡"还是"软磨"，都不是爱情本该有的形式。

第六章 家有贤妻,让男人爱上回家的感觉

01.
爱他，就用他喜欢的方式温暖他

作家 E·J·哈地曾写道，新西兰某墓地有这样一块旧墓碑，上面刻着一个女孩子的名字以及这样一句话：她多么温柔可爱呀！

不知道你对这句话有什么感受，我觉得没有比这更好的碑文了。这位丈夫在妻子的墓碑上刻上这句话，他必定会拥有无数的回忆：每当他跨进家门的时候，迎接他的是妻子微笑的面孔，桌上摆着热腾腾的饭菜，她会附和他风趣的话语，使整个家庭洋溢在爱与温馨的气氛之中。

做一个温柔可爱的妻子和拥有一个成功的丈夫，似乎是很难分开的。专家认为，如果太太能够使丈夫幸福快乐，就能大大提高他在事业上的成功率。

令人惊讶的是，许多爱丈夫的女人却不知怎样使丈夫得到快乐和幸福。虽然她们心中洋溢着爱意，但她们却做些有害的事情：该静听丈夫的倾诉时，她们却喋喋不休；该送丈夫外出时,却像水蛭似的缠着不放;操办家务,只会像军事教官一样下命令。

尽管要使男人喜欢自己并不很困难,不过,也得有举办好一个舞会那样的机灵,动脑筋、愿意尽力去安排,而不是像一些女人那样,把时间都花费在装扮自己上。

当然,我不是说不应该打扮得迷人些。往往是我们太在意装扮自己的外表,而忘记表露我们内心的关怀。掌握博取丈夫欢心的艺术的女人,不必担心失去青春之后丈夫会变心。

如何使老板喜欢自己,这是一流女秘书所必备的技能。她分析老板的性格,掌握他的喜怒好恶,同时很清楚适宜于他的工作环境。为了使老板觉得更舒服,她会改变自己的习惯,牺牲一些个人的爱好。如果老板不喜欢自己指甲油的颜色,她就会改用无色透明的指甲油。

做男人的妻子,也可以向从事秘书工作的女人学习一些智慧。我们为丈夫所做的努力总不会逊于女秘书对我们丈夫的服务吧。

最令人称道的美满家庭,往往是因为妻子能够学习一些方法并且做到使丈夫快乐。

总统夫人爱莉娜·罗斯福在我访问她时告诉我,她丈夫外出巡回演讲的时候,她总喜欢安排一个儿女随行,这使总统十分高兴,因为这样可以帮助他在工作压力下放松自己。罗斯福夫人说,孩子们一般是轮流陪父母外出,差不多两个星期换一个:"我们常常有说有笑,很开心,这使外出带有家庭乐趣,使我丈夫的工作负担变轻了。"

另一位总统艾森豪威尔的夫人说,一个女人的重要工作就是记住那些能为别人创造幸福的小事。

这些所谓的小事也许并非小事情。哲人特斐说过:"能够忍受小牺牲,就能养成良好的习惯。"这也是美满婚姻的秘诀。一个妻子能够牺牲一些自己的爱好,通常,所得的报偿和所做的牺牲比起来是很值得的。

家住纽约81街219号的奥·卡布尔夫人,她对上面的话深信不疑。她的丈夫约瑟莱·卡布尔先生是古巴外交官,还是国际著名的西洋棋冠军。卡布尔先生为人聪明、灵巧,很受人欢迎。但他也是一个固执己见的人,如同所有出类拔萃的男人一样。但是,他们的婚姻生活却相当幸福,因为奥·卡布尔夫人主动放弃了自己原本执着的成见,来博取他的欢心!也因为他们周围洋溢着爱情、浪漫情怀和相互尊重。

她是如何创造这个奇迹的呢?不过是甘于作出一些"小牺牲"而已。卡布尔先生情绪低落时往往一句话也不说,这时,她不会喋喋不休地惹他生气,而是让他独自思考。虽然她喜欢跳舞,但丈夫却喜欢清静独处,于是她便放弃许多社交聚会。如果丈夫不喜欢她身上的衣服,她会马上换上一件他所喜爱的。她丈夫喜爱哲学和历史书籍,可是她只喜欢一些轻松愉快的刊物。然而,为了"跟上他的思想,成为他理想的谈话对象",她努力去读丈夫所喜爱的书。

她的丈夫是否因此而感激她呢？请你听听以下的故事吧。

卡布尔先生本来认为送礼物是一件毫无意义的滑稽事，但是有一年的情人节，他却像小学生似的红着脸，送给太太一大盒巧克力，这是他对心爱的妻子刻意表示的关心。这个只讲理智的丈夫，为她竟会做出这样浪漫的事情，她高兴万分。看到她如此高兴，丈夫也很得意。此后，这位理智的先生最大的乐趣之一，就是给太太送礼物。有一次，他请人加班两个小时，把一小瓶香水包装在一堆大小不同的盒子里面，目的是为了看他太太打开这些盒子时脸上的表情。

难怪他们的婚姻是如此美满！因为卡布尔太太为了她先生的幸福是如此费心，而她的先生也在回报她的爱心。

就像卡布尔太太那样，给自己丈夫带来幸福的妻子，同样会从丈夫那儿获得幸福。伟大的狄斯雷夫人也是如此，她常常满怀感激地对朋友们说："因为丈夫的关怀体贴，我一生都很幸福。"

想使男人感到幸福，只需使他感到舒适，并且让他去做他必须做的事情。换句话说，就是依照丈夫的需要来改变自己的个性。当然，无论如何关键在于使他感到快乐幸福，这样你就为他的事业成功做了最大的贡献。

或许，在四五十年以后，他也会这样说："她是一个多么温柔可爱的人！"

02.
家庭主妇，你的价值无人可比

有一位社会学家曾说，现在的女人已经不再认为做家务是什么有意义的事了，她们觉得在家庭环境里即使充分发挥女性的才能，对社会也没什么价值可言。因此，当一个女人说自己是"一个家庭主妇"时，总是有点不舒服。

女人用这种可怕的口吻来自贬，我想每个人不止听过一次吧？你可曾如我一样感到愤怒和痛心呢？维持一个家庭的生活、创造生活的幸福、抚育孩子……难道世上还有其他工作比这更加值得尊敬，对个人以及整个社会更有意义的事情吗？

老天，只是"一个家庭主妇"！这就好像一个男人在一个国际会议上说："各位先生，我只是一位美国总统而已。"谁能不为其重要性而肃然起敬呢？

如果一个女人把全部精力都奉献给她的家庭，她完全应该感到自豪。她在生活中的角色，比起女演员在表演里所扮演的人物还要丰富。你可用心想过"一个家庭主妇"需要具备多少技能吗？我来告诉你吧，她要担当各种角色：厨师、洗衣妇、裁缝、护士、佣人、司机、会计、采购、总经理、秘书、公关专家、女主人、生活顾问、倾诉对象……这并不够，要想保持和丈夫的爱情，她还要时刻留心自己的形象。

不会有这样的办公室，老板自己打扫卫生、记账和打字。但是，在家里，家庭主妇却要兼做所有这些事情，甚至还要更多。因此，如果她们在某些事情上出了一点差错，也没有什么可奇怪的。

我真希望能够设立一个年度奖，颁发给该年度最优秀的家庭主妇。在我看来，她所发挥出的能力和才智远大于那些电影明星、职业妇女以及社交名媛。

家庭主妇的工作，对丈夫的事业成功究竟能有多大帮助呢？这个问题就让马尼亚·范韩与佛狄南·朗特柏格博士来回答吧。他们在其著作中写道："研究表明，丈夫收入的30%~60%因其妻治家本领的优劣，要么白白浪费，要么发挥极大的效用。"

《生活》杂志曾经出版过一期《女人进退两难的处境》的特刊，其中估算，如果男人请人到家里做"一个家庭主妇"的工作，一年的花费至少在一万美元以上！

况且，许多名人都是因为妻子的协助而成功的，他们的妻子对于自己只是"一个家庭主妇"而感到很自豪，并且认为极有意义。艾森豪威尔总统的夫人可谓典型。

艾森豪威尔总统夫人在一篇名为《如果我现在又当了新娘》

的文章中说,她最崇高的信念是"妻子——女人的天职"。

"给小孩洗尿布,或者全家人的脏衣服,确实很乏味。每天都有做不完的琐碎杂事,好像永远也做不完,有时候真是感到乏味极了。尤其是在丈夫满脸不高兴地向你问道'今天有些什么事情'时,你只说'噢,水电费已经付了……'

"在这时候,你往往渴望自己也到外面找份工作,同时挣些收入。如果你能够克制诱惑,你将会获得更多的回报。如果你向诱惑屈服,那么,你除了一份职业以外,可能会一无所有。你甚至会追悔莫及,因为你将面对一个遭到遗弃的家庭。

"假如我今天才结婚,我还是愿意做个家庭主妇,过同以前一样的生活。尽力扮演好我的角色,每天早上给他预备好温热的早餐,送他出门工作,我将尽自己最大的能力帮助他实现自己的理想。我热爱这样的工作,家庭主妇是我的天职。我会竭尽全力使家庭和谐平安,我认为这是我最富趣味、最有价值、虽然忙碌但很快乐的工作。"

作为"一个家庭主妇",艾森豪威尔总统夫人可谓十分称职,她推动自己的丈夫步入了美国最高的殿堂——白宫。

03.
呢绒、塑胶，两种脚垫要放对位置

当男人在办公室里忙碌了一天，回到家的时候，迎接他的是一种怎样的气氛呢？那种使他在每天早晨都劲头十足地去迎接工作的家庭是什么样子呢？你对此的理解与你丈夫的事业联系之密切，远远出乎你的想象。

在《妇女与家庭》杂志的专栏上，克里佛·R·亚当斯博士这样写道："对你的丈夫和孩子而言，家庭有什么意义完全在于你的作用。当然丈夫和小孩对家庭也有义务，但关键还是在你，在于你所创造的环境、培养的气氛，尤其是你的榜样作用。"

一个男人要想有很高的工作效率，他的家庭必须为他提供一些要素：

一、轻松

无论他多么热爱自己的工作，工作总会给他造成一定程度的紧张。如果他要在第二天精神百倍地回到岗位上，那么他必须在家里消除这些紧张。

每个女人都想做好自己的工作，可是如果做得过分，反而使得丈夫回到家里难以得到舒缓和放松。我小时候，有个邻居就是这样，因为小孩子可能会弄脏她的地板，就不许她的孩子带朋友回家。她也不许丈夫在家里抽烟，因为怕家里有烟味。就是看书看报，也必须一点不差地放回原处。是不是有神经病？可能吧。但是，生活中这种情况远比我们所想象的要多。

在全美基督教家庭生活第 20 届年会上，基督教大学精神科教授罗伯特·P·奥丁华特博士发表了演讲，他在其中这样描述母亲们对一尘不染的环境的要求——那是"美国文化之中最大的压迫"。

几年前获得普利策奖的戏剧《克莱克的妻子》之所以广受欢迎，原因就在于生活中有很多哈丽叶·克莱克式的女人。哈丽叶的生活重心就是保持她家绝对的干净，她甚至连放错坐垫也无法忍受，因此也就不欢迎朋友来访，因为他们总是把东西弄乱。在她的眼里，那个不拘小节的丈夫无疑是个捣乱分子，因为她辛苦创造出来的完美很快就被他破坏了。

当丈夫将烟头、报纸、眼镜盒和其他东西随便抛掷在经过苦心收拾干净的房间里时，哈丽叶常会有一种去和他大吵一番的冲动。不过，在大骂他是个自私的笨蛋之前，要先想一下，家庭嘛，就是能够随意放松自我的处所啊！

二、舒适

家庭的布置大多是由妻子来做，因此不要忘记，男人对家庭的最大需要就是舒适。有些东西在女人眼里也许很有情调，但是却让她那疲倦的丈夫感到憎恶。比如，精巧的桌椅、精致的毛织品、各种小装饰，因为他所需要的是一个放烟灰缸、报纸的地方，是一个可以随便搁脚的地方。

那么，男人喜欢怎样的布置呢？咱们来研究一下单身汉的房间。

路易斯·C·派克先生是我们的特约医师，他的诊所在纽约的布鲁克林区。他的办公室是他家的一部分，最近正在重新装修。有一天我到那儿去，看见在候诊的男病人都用羡慕的神情打量着他那皮革面的桌子、宽敞的沙发、高大的铜灯和笔直下垂的窗帘。

另一位单身汉华格尔·林克先生，也很擅长布置自己的房间。他在新泽西州标准石油公司担任地质学主任。由于工作的需要，他跑遍了全球每一个偏远的角落。在纽约曼哈顿区，他有一所超现代的公寓。房子的装饰是他旅行带回来的纪念品：刚果的木雕、爪哇的手工染布，还有东方的象牙雕，床单是从秘鲁带回来的骡马皮！他的房间实在很令人喜欢，敞亮、舒适，而且极富有个性和趣味。

难怪这些家伙不愿结婚，因为即使是一个女性，也未必能够像他们那样善于服侍自己。

我们在布置房间的时候，往往会忽略了烟灰缸。可是你看我丈夫，他去买了好几个廉价的大型玻璃烟灰缸，分别把它们放在楼上楼下的几个地方，以便使用。客人来访时，我们使用的都是那些便宜货。这些烟灰缸才真起到了作用，至于我买的那个精致的法国艺术品，从来没有用过。

如果你大费周折布置好的家总是被你的丈夫破坏，极有可能是你的安排有所不当。他把报纸丢得满地都是吗？是否是茶几太小了，要不就是上面堆满了东西，以致他很难找到合适的地方放报纸。

他把烟灰到处弹，你简直忍无可忍了吗？那就多给他买几个大型烟灰缸。你心爱的精致的呢绒脚垫常常被他无情地践踏吗？那就把它放在客厅里，替他另买一个塑胶脚垫吧。

他的烟斗、相机、收藏品、书本、报纸有特定的地方放置吗？也许他只能把它们放在阁楼的角落里，和一些废物搁在一起。

把一个男人留在家里的最好方法，是使他在家里感到舒适和惬意！

三、清洁而有秩序

有相当多的男人不愿住在一间凌乱的豪宅，而宁愿住进一个整洁的帐篷。吃饭没有一定的时间，或者到了吃饭的时间，可是上顿饭的盘子还在水槽里没洗，浴室满是杂物，卧室里乱糟糟的……这足以把男人赶进球场、酒吧甚至妓院。男人就是这样，除了自己的散漫凌乱之外，对其他任何的杂乱无章无法容忍。

我的丈夫就是这个样子。他对我讲,他曾经打算向一个漂亮女孩求婚,可后来打消了这个念头,因为他有一天到她的住处找她,看到里面凌乱不堪,好像敌军刚洗劫过似的。

当然,这里所说的是长时间不整洁,对于偶尔发生的错失,任何一个男人都会体谅的。在忙碌的清扫日,他会快活地吃剩菜,如果我们遇到一些难以处理的问题,他会很乐于帮忙,只要这种事情并不经常发生。

四、愉快、祥和的生活气氛

家里气氛的好坏完全在于女人。丈夫事业是否有成就,会受到家庭气氛的很大影响。

在《福星》杂志所做的一项关于公司职员生活的调查中,引述了一位总经理的话:"在公司,我们能够调控员工对待工作的情绪,但是等他一走出办公室,所有的控制就失效了。"作为女人,当然不愿意丈夫的生活完全被工作占据,但是,我们又期盼着他们在工作中有上佳的表现。怎样才能够同时达到这两个要求呢?我们应该尽力在家里创造出愉快、安详的气氛迎接他归来。

洛杉矶家庭关系协会会长保罗·伯派诺博士认为,家庭是职业男人的避难所,使他们能够从业务上的麻烦中解脱出来。他说:"现代经济领域的生活,并非像野餐那样轻松,它是一场必须竭力厮杀的战斗。只要下班的时间一到,他所渴望的是爱情、舒适、和谐。"

在工作中，大家只会看到或是千方百计去找他错误的一面，只有回到家里，才会有人看到他美好的一面。"天使"不会在她丈夫身上加上她自己的困扰，也不会制造一些麻烦来加重他的负担。她在情感上使他愉快，呵护着他的精神，使他恢复精力，能够在第二天早晨出门的时候，充满了干劲和热心。

在丈夫的生活中尽到了责任的妻子，就是在家里创造出这种气氛的妻子！

五、家庭是属于丈夫的，也是属于妻子的

应该使丈夫觉得自己仿佛是家里的国王，而不是女王唯命是从的仆人。

如果家里需要更换家具，或是进行装潢，你最好先征求他的意见，共同做出决定，不要只在事后交给他一张付款单。也许你并不很情愿放弃你心爱的复古沙发，去购买你丈夫想要的一把摇椅，不过你应该让他同你一样得到他所喜爱的东西，而且让他对家事有更多的决定权，这将会加重家对他的意义。

如果他想亲自做菜，不妨给他安排一个时间，让他在厨房里随意发挥一番。虽然他会将厨房弄得乱七八糟，留下一大堆没洗的锅子和碟子。

男人都需要一种感觉，仿佛这个家没有他就不能圆满。丈夫对家庭的关心，不在妻子之下。

我认识一个女孩，她善于用不多的资金来别出心裁地装饰屋子，她家的房子因此富有独特品位：不凡的品位、柔和的色调、易碎的饰品。可是,她却与一个高大、多毛、烟不离口的男人结了婚。丈夫对她这个"仙境"深感不自在。他很爱妻子,但在家里感到很拘束,因此常和朋友们外出钓鱼,或是到一间森林小木屋里去过夜,他在那里可以完全放松。美丽优雅的女士对这种情形抱怨着,却没想到改变家庭布置以适合她的先生。

请记住:千万不要陷进繁杂的家务泥沼里,反而忘了家务的真正意义——为丈夫创造一个温馨的、充满爱情的、能够放松自己的避难所。

04.
让我们越爱越浓

艾西尔·H·怀斯先生是一位社会工作专家，同时也是纽约市立少年家庭董事会秘书，在一次社会工作讨论会上，他说："少年犯罪的主要原因之一，就是觉得谁也不爱他。"

我丈夫与我对此深为赞同。因为在俄克拉荷马州爱尔·雷诺公立少年感化院，我们曾向这些少年讲授人际关系的课程。

渴望得到关爱，是这些不幸的孩子所共同面临的一个问题。有个孩子这样对我说，他从来没有收到过他母亲的来信，他给母亲写信告诉她自己正在参加讲习会，通过这样的学习，他觉得自己已经变成了一个好孩子。不久，他收到了母亲的回信，但是，她却认为他不可能变得多好，监狱就是最适合他的地方！

还有一个19岁的男孩名叫汤米。他流转于孤儿院、监狱和感化院的时间达10年之久。他说："我们渴望有人爱，我们最需要的就是这个。可是，没有人爱过我或者想要我。16岁之前，我从来没有收到过圣诞礼物。"

诚然，这些缺乏亲情的孩子，往往转而犯罪，以此填补这种人生的缺陷。他们就像一个饿极了的人，在无法得到有益的食物时，便饥不择食，把有害的东西也抓来吃。

对人的生命而言，爱是最有益的食品，它是人心灵成长的源泉，假如缺乏爱，人的道德观念将会变质。心理学家高登·W·沃尔这样说："一个平凡的人所能做的最真实的自我表白就是，从不曾感到自己的爱和别人给予的关爱已经足够。"

的确，就爱的能量对人类社会的意义而言，并不比原子能逊色。爱情能够产生神奇的力量，而且每天都创造着奇迹。你丈夫取得成功的主要因素，就是你给予他的爱。因为，如果你真心实意地爱着他，你就会为了他的幸福和成功而心甘情愿地做好每一件事情。

对你丈夫的爱，同样也影响到你孩子的生活。保罗·伯派诺博士是美国家庭关系协会会长，他在一次全美教师家长联谊会上说："假使教师、家长在联谊会上愿意放下孩子的事情不谈，转而讨论怎样促使夫妻二人更加恩爱和睦，那对于孩子的幸福而言，可能会有更大的贡献呢！"

那么，怎样才能加深夫妻之间的感情呢？这里有几点建议：

一、要表达你的爱情，使他每天都感觉得到

人生有一件十分可悲的事情，就是在事情已成为过去的时候，才发觉自己曾经享受过珍贵的人生赐予。我丈夫一位老友的妻子曾经写来一封信，信中这样写道："吉姆已经去了，他再也不会知道我有多么爱他,多么需要他了。"

确实,吉姆现在是不会知道了,因为过去的生活随着他的身影永远地离去了!

很遗憾,是吗?可惜,这并不是一个特殊的例子。路易斯·M·特尔曼博士和他的助手们发现,在他们所调查的1500多对已婚夫妇中,男人们认为婚姻不幸的主要原因,第一是妻子的唠叨抱怨,第二就是妻子不知道表达爱情。

相当多的女人能够从容自如地应付生活中出现的危机,可在另一方面却笨拙到了极点,竟然不知道给予她丈夫最渴望的精神食粮——爱情。一位女士也许能够坚持不懈地帮助她的丈夫,即使他失了业、身患重病甚至进了监狱。但是,在生活平淡如水的时候,忙碌的妻子就忘了对自己丈夫表示他是多么重要——在她的生命之中。

身为一个女人,你能够接受这个说法吗?据说男人是为恋爱而结婚的;女人却是为了拥有自己的家、想要小孩、获得安全感,或者避免当老处女而结婚的。

一般而言,女人相信她们应该被爱护,喜欢听人讲甜言蜜语。不过,根据我的经验来看,那些时常抱怨丈夫不重视她们,忘记了赞赏她们的女人,其实自己多半也是吝于夸奖和示爱的人。她们对自己的丈夫经常只是挑剔和批评。她们可谓一种神经质的女人,正如威廉·柏林吉尔博士描述的那样:"她们这些人真是太爱自己了,因此很难把爱分给别人。"相反,如果妻子能够更为体贴地表现自己的爱情,那么从丈夫那里得到的关注和爱心也会很丰富的。

德洛西·狄克斯是婚姻问题的权威,他说:"妻子常常抱怨丈夫对自己熟视无睹,很难得赞美她们几句,很少注意她们穿的是什么衣服,或是以任何方式表示对她们的爱情。于是,她们也以这样的冷淡态度对待自己的丈夫。接着,就是她们奇怪地发现,自己的丈夫在追求其他女人,那些懂得赞美他们英俊、迷人的女人。男人也同样有爱情的渴求,这并非女性的专利。"

男人对爱情的需要,有时会成为一种弱点而被女人利用,她们有时故意冷淡丈夫,以索取想要的东西。玛利兰高等法院有这样一个案例:一个女人以不和丈夫说话相要挟,以此要求她所希望得到的金钱。结果这个女人败诉,因为爱情是不需要付钱的。

有人将夫妻之间缺乏爱情的表示,称为"精神食粮匮乏症"。这个比喻很合适,因为男人的生活不只需要面包,女人应该不时地给他一块爱的蛋糕——上面还要加上一点蜜!

二、培养一种豁达宽容的心态

一些极负责任的妻子,往往会犯过于追求完美的毛病。孩子的一言一行都要管教好、晚餐要美味可口、房间要干干净净……这种完美主义的做法常过于看重细节,反而忽略了重大的事情。

下面的话虽然有些夸张,但也不无道理,它出自乔治·吉恩·拉赛之口：

"就我的经验来看，完美的家务活和爱情有时是难以并存的。当我看到一个整理得太无懈可击的家庭时，通常会感到——这个感觉接着就得到证实——房主夫妇间的感情已经冷却了，就如同他们僵化地整理家务一样。因为甜蜜的爱情、温馨的家庭生活，总会制造出一些小麻烦和脏乱，至少在一定程度上是这样的。确实如此，没有一个热爱丈夫的女人能够完美地做好她的家务。"

从这段话中我们不难发现，拉赛先生是个单身汉，但他说的话真的很有道理，尤其是那些只看到树木，却忽略了整个森林的妻子们，更要好好地想一想了。

三、要有宽大的胸怀

还有什么比相互深爱的两个人结为夫妻更迷人的事吗？爱情是给予，更是包容与大度。但是有些妻子在许多事情上已经做出了牺牲，却常常在一些不起眼的地方露出她的小心眼，例如嫉妒丈夫的前女友。

如果你的丈夫无意间说起他在大街上碰见了自己的前女友，你就问他那个女孩是不是还扎着辫子说着幼稚的话，那么你就太小心眼了。你应该多说她的好话，就算你想不出来，编造一些也好。

我的父亲在结婚以前，曾经和一个迷人的红发少女订过婚。所以每当我的母亲赞美那个女孩的美丽和讨人喜欢时，父亲总会不好意思地笑着，一面又装作若无其事的样子。当然我们觉得母亲是很美丽的，她也知道这一点，但是她去赞美父亲的眼光，那是很让父亲高兴的事。

四、对于每一件小事，都要表示谢意

男人在结婚以后常常也会去做一些事，企盼听到妻子道谢，比如带妻子到戏院、送给妻子一束紫罗兰、甚至只是每天早晨倒一次垃圾。如果妻子把这看成是丈夫理所当然应该做的，从而忘了说声谢谢，丈夫就会因此不愿再像傻瓜一样，停止做那些事来取悦妻子了。

由于在一起生活得太久，很多事情都会习以为常，有些女人就感觉不到丈夫每天为她们做了些什么。我就曾经认为我丈夫没有帮什么忙——他不会换小孩子的尿片，也不会拧紧一个漏水的龙头。直到有一个夏天他去了欧洲，我才惊讶地发现，他每天都默默地帮我做了许许多多的事，而我却没有说一声谢谢！

五、要互相谅解和体贴

如果丈夫想换上拖鞋休息一下，我们却兴致勃勃地穿上礼服，这叫什么事？一个有爱心的妻子，应该先为自己的丈夫着想他在外面工作的需要，然后才能想自己的需要。

我也是好不容易才懂得这个道理的，还是戴尔和我在俄克拉荷马州度蜜月的时候。那时刚好他要在那儿进行为期一周的演讲，我还一心幻想着新婚的幸福——有赞美的语句、罗曼蒂克的情调、烛光和小提琴的演奏声……我却发现自己不过是一

个人坐在旅馆的房间里，孤单地欣赏我的嫁妆，我的新郎却和委员们坐在一起研究他的演讲稿，和发起人讨论着有关事务。我甚至要事先和他"预约"，才能和他见面——他太忙了。所以我很生气，在我们能够共处的一点时间里，脸上一直挂着不悦的神情。

现在想起来真庆幸我的丈夫没有对我说："请你先回到你母亲身边，等长大一点儿，没有孩子气的时候再回来吧！"当然，夫妻生活不可能像小孩子过家家那样。

那么，妻子为了丈夫尽心尽力地做好一切，不应该得到回报吗？妻子为丈夫奉献一生的爱情，丈夫知道吗？答案是，他一定知道！

现在我的桌上，就有一封来自维多利亚市金·乔治区 30 号的佛威克·C·安格士的信。他代表像他一样享受着幸福的丈夫们说出他们想说的话：

"我总是这样以为，因为我娶了她，所以我比任何人都要幸福。如果再回到 32 年前，我仍然希望和她结婚——只要她愿意再嫁给我！如果我还算有什么成就的话，那都是因为这位可爱妻子的缘故。"

如果没有爱情，成功将变得没有意义！没有爱，名利和富贵如没用的废物一般。如果你的丈夫从你给的爱情里获得了安心和幸福，那么他带给你的是更好的生活，快乐也就跟随着你们的脚步。

05.
男人最爱有烟火气息的妻子

很多女人为了追求所谓的高贵,便不肯下厨房,只想当被人侍奉的贵妇。在她们眼里,厨房都是乡下佣人、村姑妇女去的地方,只要沾染了厨房的油烟气,那么一个高贵的人就立即成了俗人。在她们眼里,甚至不屑于做家务,觉得那些是再卑微粗俗不过的。

玛丽开始的时候就是这样想的。玛丽的家里并不算特别富有,但是父母也都是高级知识分子,生活也算优越,从小对玛丽疼爱有加,她连厨房门都不曾迈进过,家务通常都是请钟点工来做。在她看来,自己本来就应该是一个高贵的人,以后的日子当然是一天比一天好,自己的一辈子都应该是这样轻松悠闲。

到了结婚的年龄,玛丽经过父母的撮合认识了相似背景下的乔。乔的家庭也很富有,而且乔自己也很有能力,年纪轻轻就已经成了公司的部门经理。最主要的是乔跟玛丽求婚时表白的话：我会用一辈子的时间呵护你，爱你，让你成为一个幸福、高贵的女人。玛丽一下被打动了，她心想：我一直要找的不就是这样的人吗？何况他还那么优秀。我真是太幸福了！

可是现实总是与理想有一定的差距，结婚不久，玛丽就大呼自己被骗了，而乔也生气地说自己真是瞎眼了。他们开始不断吵架甚至提出了离婚。

双方父母赶紧赶过来"救火"，想看看到底是什么原因让这对本来应该甜蜜相守的爱人吵得不可开交。原来很简单：乔正处于事业上升期，每天要在公司加班，等部门的员工都走了以后还要总结一天的工作情况。可是当他疲惫了一天，想回家看玛丽给他做了什么好吃的犒劳他时，却发现厨房冷清、干净，所有锅都是干干净净摆在那。冰箱里也空空的，除了零食并没有什么他爱吃的。第一次他忍了，叫玛丽下班早的话就去买点好吃的菜或者肉食之类的回家。可是连续几天，他发现不管是早下班还是晚下班，玛丽都是不操心家务，从不买菜做饭，只会买些零食或者去外面吃。他还是忍了，也到外面去吃了几天。可时间长了，乔也受不了了，他开始觉得自己娶来一个地主婆一样的女人，只知道吃和使唤别人；而玛丽也恼了，她觉得乔本来就有义务让她幸福高贵，要是乔没有做到，那也是他的事情，为什么要怪她呢？

两人因为这个结解不开，吵闹到不可收拾，甚至到了离婚的边缘。双方父母听完以后都没有吭声，尤其是玛丽的父母，脸色铁青，像憋足了气。玛丽本来还想向父母哭诉，一看父母脸色不对，话也不敢说了。而这时玛丽的父亲已经站起来给对方父母道歉了："老伙计，真是对不起，是我教育孩子的方式出现了问题。我希望现在我还能来得及教育她。"说完，玛丽的父亲又望着玛丽问她："你觉得你妈妈幸福吗？高贵吗？"玛丽想了想以前一家三口恩爱的样子，回答道："当然幸福，妈妈每天脸上都挂着笑容，你和妈妈又那么恩爱。妈妈是一位受人尊敬的教师，学生常常来家里看她，她是最高贵的人。"父亲又问她："你妈妈进过厨房吗？你的衣服、爸爸的衣服都是谁放到洗衣机里的？你爱吃的菜都是谁给你做的？"玛丽低下头不说话了，她的父亲又说道："难道我不爱你的妈妈？难道我没有呵护她？"玛丽红着脸打断了父亲的话"嗯，我知道错了"。父亲语重心长地说："我亲爱的孩子，爱都是相互的，没有谁该为谁做什么，等着别人为自己服务并不是幸福，幸福是能让自己爱的人高兴。同样，高贵也不是自己什么都不干，高贵是付出过后，人家给你的尊重。"

玛丽没有说话，默默站起来，走向了厨房，而乔也深情地拥住了玛丽的肩膀……

在婚姻生活里，很多女人都会觉得自己委屈，认为是自己付出的太多，对方却都是在享受。其实，爱情是相互的，我们在付出的同时，也会因为对方的享受而感受到满足和快乐。

要抓住一个男人，首先要抓住他的胃。这句话没错，拥有

"幸福"的胃也是幸福的一种定义,好妻子是不会忘记丈夫的胃的。

一个女人哪怕是笨手笨脚、手忙脚乱地为男人做一顿好饭,在男人眼里,其意义不只是果腹,那是她对他爱的最直白、最实际的表示。然而令人遗憾的是,现代女性大多讨厌厨房。

我的丈夫曾说:"厨房属阴性名词,它是母性的、包容的,在电视、电影里看到的那些厨房,都散发着暖融融的母性光辉,堪称是世界上最博爱、最温暖的地方。"当然,再光辉夺目但空荡荡的厨房也比不上有妻子忙忙碌碌身影的小小的厨房,那是我们真实日子的一个浓缩。

06.
管理好丈夫的健康，让他养你一辈子

你想知道怎样不露痕迹地谋杀丈夫吗？不用手枪、铁锤或者氰酸钾那样麻烦的东西，只需要天天给他吃油腻和高淀粉的食物，使他的身体肥到超过标准体重的15%~25%就可以了。只要这样，迟早会有这么一天，你就可以抄起手来做一个寡妇了。

调查表明，50余岁男性死亡率比女性高70%~80%。同时，专家还指出这是妻子的过失。

请先听一听路易斯·I·达布林博士的说法吧，他在梅特·浦利顿人寿保险公司任职。《生活与人生》杂志刊载了他的一篇《停止谋杀我的丈夫》的文章，他在里面说："我一直在一家人寿保险公司做统计工作，已经40年了。我从中得到的结论是，有相当多的男人过早死亡。如果他们能够得到妻子的妥善照料，如果他们的妻子能够更加熟悉自己的职责，这些男人完全可以活更长时间。"

为此，他曾潜心研究超重与死亡率的关系，他在这个问题上是全国最具权威的人士。纽约市西奈山医院新陈代谢疾病中心的赫伯特·柏拉克医师在他那篇刊载于《现代妇女》杂志上《丈夫为什么死得那么早》的文章中指出："只要你能努力去维护丈夫的健康，就能够延长他的寿命……现在，你手里已经掌握了这样一种能力，它可以延长你丈夫的寿命。"

你可注意到，许多处于半饥饿状态的劳工，寿命都比那些体重超常的男人们长。在俄亥俄州克里夫兰举行的某次医学会上，"肥胖"被人称为"美国公共卫生的一个大问题"，提出这个问题的是《减肥与保持身材》的作者诺曼·乔利菲博士。

在圣路易召开的美国科学促进协会的一次会议上，一位教授指出："人们恐惧战争。但是，死于餐桌的人远多于死于枪炮下的。"

确实，我们对丈夫的腰围有无可推卸的责任。一个男人吃的食物，大多是他太太摆在他面前的东西。做妻子的烹调手艺越高，当丈夫的腰围也越粗。谁能够拒绝妻子精心制作的食物呢，那未免太不通人情了。当年亚当不也是这样为自己辩解的嘛："这女人诱惑了我，我就吃了。"

大多数人随着年龄的增加，就不常进行运动了，他们的身体所需的热量减少了，可是，这时候他们却吃得更多了。一个女人的职责也在于维护丈夫的健康，养成良好的饮食习惯。

最好的食物，是那些热量低而能产生高能量的东西。如果你还不清楚这个方法，就该向医生请教。他将告诉你应该怎样为你的丈夫安排饮食，以便降低他的体重，使他更有精神。

营养专家F·E·怀海德博士说，减肥的第一个措施就是少吃高脂肪的东西，一日三餐最好根据体力消耗情形来安排，不可吃得过量。她同时指出，植物性蛋白质和动物性蛋白质要均衡。

你丈夫吃饭的时候，注意不要使他精神紧张。的确，闹钟一响赶紧起床、一边跑下楼一边吃东西、公文包一夹就跑出门的人真是不少！

罗勃特·V·沙利格博士是巴尔的摩精神学院精神科主任，他提醒我们："早餐几口咽下，跑出门去赶7：58的班车，紧接着开始工作；中午吃快餐，要么一边开会一边吃盒饭，这种情形在现代社会生活中，可谓司空见惯。"

果真如此，做妻子的就早点起床，使你的丈夫能够不慌不忙地吃一顿营养早餐。

我的一个朋友就是这样做的，结果很令人满意。她就是克拉克·布里森夫人。她丈夫是一家不动产代理商的财务主任兼副总经理，常常带一整包的公事文件回家办理。由于劳累过度，他时常熬夜到很晚还不能把工作处理完。这时候，他的妻子就提议早点休息，早晨提前一个小时起来工作。这种安排使他们两人都很高兴，现在已经成为习惯，无论布里森先生是否有"家庭作业"有待处理。

布里森太太说:"早晨的那一个小时,是我们每天的礼物。首先,我们不慌不忙地享受一顿早餐;如果克拉克还有工作需要处理的话,他就在剩余的时间轻松地完成。这段时间最安静,没有门铃也没有电话打扰。有时候,我们静静地看书,或者做点琐事,要么画画,他爱好画水彩画。我们也到公园里散散步,享受享受新鲜空气。"

"自从我们有了这样舒适的早晨,不论这天会发生什么事情,我们都可以从容应付。当然,这个方法对于晚睡的人可不行,所以我们很早就要休息。"

假使你也是一起床就感到慌忙和紧张的人,那么这个早起一小时的措施,不妨试一试,也许对你有好处!

遵循以下原则,可以使你的丈夫健康长寿:

一、如同关心自己的体重一样,细心观察丈夫的体重

给保险公司写信,索取一张体重与寿命对照表。称一下丈夫的体重,看是否超重了10%。如果是,就去请医师给你开一张减肥菜单。

切记不要让他自作主张,更不要吃广告上夸大其词的减肥药!在实行任何减肥措施之前,一定要征求医生的意见。

在执行医师处方的同时,你要尽可能地把食物做得美味可口。千万不要对他说这样的话:"为了你的身体健康,只能让你吃这个了。"从而忽略了饭食的制作,你要将医生开出的菜单做得美味可口。

二、要丈夫坚持一年做一次内科、牙科和眼科的健康检查

治病最有效的方法是预防。如果能够在早期发现病情，相当一部分死于心脏病、肺结核、癌症和糖尿病的人，完全能够挽回生命。

依据美国糖尿病协会的统计，在美国确诊患有糖尿病的人有200万，但是还有100万糖尿病患者并不知道自己的病情。

有个现象很可悲，但却是真的：相当多的人关心自己的汽车远胜过关心自己的身体。因此，你一定要督促你丈夫，坚持要他定期接受健康检查。

三、不要让丈夫过度劳累

雄心勃勃虽然能促使他成功，但是也有可能缩短他的寿命，以致不能享受努力的成果。因此，如果晋升需承受太大的压力，你也可以让他放弃。

诺曼·文森·皮尔博士是纽约马伯尔协同教会的牧师，他曾经在印第安纳州波坦克斯作演讲时说，现今的美国人，可能是最为神经质的一代人。他说道："英国人的守护神是圣·乔治，爱尔兰人的守护神是圣·派翠伊克，可是美国的守护神却是圣·维达斯。美国人生活得太紧张了，即使在听完布道之后，他们也有可能很难平静地睡着。"

因此，如果多赚钱可能的后果是不幸或早死的话，你最好选择让丈夫少赚一些钱。如果他加给自己的负担太重，你有必要提醒他满足于既得利益。女人的态度完全能够改变一个男人的工作准则。

四、给予丈夫充分的休息时间

能够在疲倦袭来之前休息,是抗拒疲乏的最佳方式。如果你丈夫回到家的时候经常疲惫不堪,那么你一定要在他重新投入工作之前,让他躺下好好休息。最好要求他在晚餐前小睡一会儿,这个方法能够使他多活几个年头。

美国军队有这样一个规定:行军 1 小时,必须休息 10 分钟。英国作家毛姆 70 多岁时仍能精力充沛地投入工作,他认为原因在于他有每天午睡 50 分钟的习惯。丘吉尔也是这样,午饭后要睡上一两个钟头。朱利安·戴蒙满 80 岁,还很有活力地在纽约塔利顿一家苗圃里工作。这位老先生每天下午都要睡很长时间,他说睡午觉能使人重新积聚精力。

五、创造快乐的家庭生活

那种唠叨不停、牢骚不断的妻子,是男人人生道路上的绊脚石。她只会给丈夫带来不幸,搅乱他的工作情绪,同时也威胁着丈夫的身体健康。

那些"突然间躺下去"的男人,大多是生活不顺心、心理忧虑或是怒气满腹的人。由于内心总处于紧张状态,他的精神反射作用就会失常。这样的人极可能被工厂机器轧伤,被路上的车子撞倒,或者自己和旁人撞在一起。

这种人还经常暴饮暴食。哈利·吉德博士是康奈尔大学的教师,他这样说:"人们通常会有大吃一顿的愿望,这样的人往往很不快乐,或者力图从紧张和压抑中解脱出来。"

要想追求事业的成功,就必须具有健康的身体,才能够经受住工作的重压。无论如何,妻子必须对丈夫的健康负起责任。已婚男性的主题歌可以说是这样唱的:"我的生命在你掌握之中。"

07.
聪明女人绝不对丈夫说的话

婚姻中到处潜伏着"战争"的因素,一个不小心就会引发夫妻的争吵,倘若一方在另一方激动的时候能够保持冷静的沉默,那么这就是宽容自信的表现。不该说话的时候闭上嘴,真的是一种美德。想要拥有美满的婚姻,做妻子的就要牢记哪些话不能跟丈夫说,免得一时冲动,造成一生不幸。

一、不追问过去

妻子:"说说你的初恋吧!"

丈夫:"不就是你吗!"

妻子:"不是隔壁班的那个靓妹吗!"

丈夫:"没有的事!"

妻子:"她漂亮还是我漂亮?"

丈夫:"你。"

妻子:"我不相信。你就敷衍我吧!她不漂亮你能还留着她们班级的照片?"

……

可以猜测到，这对夫妻最后的谈话一定是以妻子的抱怨作结尾的。结婚的男人不愿意谈论从前的恋人，妻子若是聪明就应该把握现在，而不是一个劲地追问过去的事。

成熟的人不问过去，聪明的人不问现在，豁达的人不问未来。处在爱中的人们，应该相互信任而不是猜疑，应该彼此宽容而不是苛求。

既然爱他，就应该给他一个宽松的环境来享受你的爱。既然爱他，就为他保留一份过去，保留一份尊严，连同他的秘密一起去爱。过去的事情问了也没有用，如果他认为需要告诉你，他自己会说的；倘若他不想说，你即使是问他他也不愿意回答，说不定还会用谎言来欺骗你。把他的秘密放在风里，而不是在心中，彼此都会感觉到轻松。

二、不追问是否爱你

曾经有个男人说："刚开始，妻子问我是不是爱她，我都充满柔情地告诉她'爱'，后来次数多了，回答得我都感到厌烦了，可我又不能和妻子急，感觉像例行公事。"

女人心中的浪漫，常是男人口中的噩梦。如果没有一句"我爱你"，女人就会惶惶不可终日。而从小被教育应该表现阳刚才不失男子气概的男人，有个根深蒂固的观念——把"我爱你"挂在嘴边，是很"娘娘腔"的行为！所以，他们宁可用其他方式来表达爱意。男人认为努力工作，赚钱养家就是爱的最佳证明了。

女人喜欢甜言蜜语，但如果希望得到一个敷衍的回答，就天天追问丈夫是不是爱你吧。聪明的女人，要学会闭上嘴巴，用心去感觉。

三、不戳破他的小把戏

伊丽莎白的丈夫经常给她讲一些笑话，而无论听过多少遍，伊丽莎白总是能笑得花枝乱颤。我问她，都听过那么多遍，你怎么还能笑得那么开心？伊丽莎白说，"他那么做还不是想让我开心！"

伊丽莎白的生日快到了，其实好友很早就告诉她，她丈夫在为她准备生日惊喜，而且连细节都告诉她了，但是伊丽莎白仍装作不知道。生日那天，丈夫很早就出门了，还告诉她晚上不用等他回来吃饭，伊丽莎白装作很失望的样子，看见丈夫眼中强忍的笑意，突然觉得即使装傻也是一种幸福。晚上还没到下班时间丈夫就回来了，还给伊丽莎白带回一个很大的蛋糕。看着她震惊的样子，丈夫控制不住地笑。伊丽莎白也在笑，可是为什么而笑她却永远都不告诉丈夫。

是啊，男人总是在弄一些小把戏，也许是为了爱情的浪漫，也许是为了博取爱人的欢心，也许是吹吹牛满足一下自尊……这时候女人不要戳破，只要爱人得到快乐，轻松一点装傻附和他又有什么难的。

四、不做长舌妇

在欧洲流传着这样一则故事：

数百年来一直亲如一家的一个和睦村庄，突然产生了邻里关系的无穷麻烦。本来一见面都要真诚地道一声"早安"的村民们，现在都怒目相向。几乎家家户户都成了仇敌。

原来不久前刚搬到村子里来的一位巡警的妻子是个爱搬弄是非的长舌妇，全部恶果都来自于她不负责任的窃窃私语。村民知道上了当，不再理这个女人。她后来很快也搬走了，但村民间的和睦关系再也无法修复。大家很少往来，一到夜间，早早地关起门来，谁也不理谁。

东家长，西家短，似乎不说点什么就不舒服，听不到别人家的事就寝食难安。可是在满足自己好奇心的时候我们都应该牢记一个原则，不要传播一些伤害别人的话。即使不能阻止别人说，听过也就算了，不能自己再去对别人说，因为舌头是世界上最毒的。

五、不互相揭短

《爱在平等间：如何真正让婚姻平等》一书的作者、美国西雅图华盛顿大学社会学教授、哲学博士佩伯·施沃兹指出：使用"总是"或者"从不"这样的字眼，你的丈夫"此刻就不可能和你进行正常的交谈"。

曾经有一位丈夫在和妻子的一场争吵后，12年都没有和妻子说一句话，因为妻子骂了他一句"你这个垃圾堆里长大的男人"。妻子这句话刺伤了他的自尊心。懂事的孩子和年迈的老人想了很多办法让他们和好，但没有效果。他妻子为这句话后悔不已,她想想当年也不是因为多大的事争执起来的,要是冷静一点就不会说出那样的话了。

《为婚姻而战:避免离婚并让爱情持久的法则》一书的作者、丹佛大学心理学教授、哲学博士赫沃德·玛克曼博士认为:通常妻子对丈夫最大的抱怨是他们完全不和你说什么,而丈夫们最一致的看法却是说得太多会引起争执。因此玛克曼博士建议:"如果你想你的丈夫不仅听你说而且更多地和你交流,就要始终做到心平气和。"

六、永远不说离婚

很多夫妻在吵架的时候会大声地说:"这日子再也过不下去了,离婚!"其实绝大多数人说这句话的时候并不想离婚,只是句气话。然而不幸的是,有些人在气头上说出这句糊涂的话后,又做出了糊涂的决定,真的在气头上办了离婚手续,离婚后才后悔莫及。

曾经有一对夫妻,刚结婚的时候,妻子一有不满就嚷嚷离婚,丈夫马上会跑过去连声承认错误,于是妻子说离婚的频率越来越高。其实她只是想让丈夫低头,心里并没有真的想离婚。过了几年,妻子在一次大闹中再次提到了"离婚"二字,谁知丈夫站起来说:"那就离吧,我太累了。"妻子傻眼了。

别小看"离婚"这两个字,它可以伤害人一辈子。受伤害的不只是夫妻二人,还有儿女。婚姻要用爱来维持,用情来呵护。如果家庭生活中没有必须牺牲婚姻的矛盾,就不要说离婚。

第七章 做丈夫生命里不可替代的人

01.
不做绝望主妇，做傲骨贤妻

T·W·海斯夫人曾经十分胆怯，她说："我的胆怯简直到了无可救药的地步，我害怕和陌生人接触，也不敢去参加公开的宴会。"14年前，她结婚了。海斯先生是一位很有作为的律师，同时也是个活跃的政治人物。因此，他的交往非常广，经常参加各种会议以及社交活动。可是他的太太，往往惊慌得不知如何应对一些问题。她怎样才能克服自己的胆怯心理，协助她的先生取得社交上的成功呢？

海斯夫人对此没有信心。但是，如果她不能克服自己的胆怯心理，实在是过意不去。偶然读到的以下这些话给了她很大的启发："人们总是对自己最感兴趣。所以，你在谈话中可以把话题集中在他人的身上——他的苦恼或者成功。一旦把你的注意力集中在别人的身上，你就会忘记自己的紧张。"

海斯夫人决心要试试这个方法，果然很有效！她说："因为别人真正使我感兴趣，于是渐渐地我就不知道害怕了。我发觉每个人都有自己的问题和烦恼。当我了解他们后，我就喜欢上了他们，我和他们相处得很愉快。现在，我急于找到新的朋友，我已习惯了在家里招待客人，也喜欢和丈夫一起去拜访他人。如今，他已经是州参议员了。"

"真正令我高兴的是，我没有因为不擅社交应酬而阻碍丈夫取得成功。"

每一位妻子都有这样的责任，训练自己的能力，帮助丈夫取得成功。无论她的丈夫是干什么工作的，只要妻子善于和人交往，就能够大大推动丈夫的事业迈向成功。

如果你生来就具备这种能力，那当然好；不然就应该像海斯夫人那样培养这种能力。这是一个男人的贤内助所必备的条件。

某州长曾私下对我讲，他之所以能取得成功，乃是得力于他妻子的机智、教养和令人倾倒的魅力。他出生于海外某个大都市的移民区。他说："如果我娶了个普通的女孩，我不知道自己会不会有自修的动机，从而在社会上出人头地。感谢上帝，我妻子具备了我所缺乏的所有东西。她是我心灵的支柱，不论我在下层社会的某些场所出入，还是周旋于达官显贵之间，她都能够应付自如。"

千万不要这样想：自己的丈夫现在地位很低，根本不需要自己去帮什么忙。要知道，没有谁一开始就站在高高的峰顶，未来工业界、商业界以及团队中的领袖人物，今天都是默默无闻的青年人。为了你的丈夫在未来10年、20年或是30年后能够成为顶尖人物，不至于因为胆怯木讷而被排斥在成功之外，你现在就起来做准备不是很好吗？马上行动吧！

如果你认为自己像海斯夫人，就设法驱除羞怯心理吧。如果你的弱点是不擅交谈，就该学会尊敬、喜欢、欣赏他人；如果你受的教育有限，就不要为自己找借口："因为我没机会上学啊……"而是要立刻到夜校去上课；如果你付不起学费，那就赶快跑到最近的图书馆去……

被丈夫抛在身后的妻子，并不值得同情，因为她们大多不具备同甘共苦的资格。这类人不是无能就是太懒，总是对围绕在身边的无数学习机会熟视无睹，根本无心利用它来改进自己。

艾立克·钟斯顿是美国电影协会会长的夫人。她是这样说的："创造婚姻幸福的关键，在于依照丈夫的工作节奏来调整自己的人生步调。"

她这样劝告太太们：如果她们想赶上丈夫事业的步调，就要多参加社交活动，拓展自己的社交圈，千万不要把自己的生活局限在一个小圈子里。

钟斯顿夫人还说："也许你认为，你丈夫的工作并不需要你以社交活动来协助。可是，当初我丈夫只是个挨家挨户推销真空吸尘器的人，并没有现在的事业。那时候，谁能想到他将来会打出什么天下。我只知道他在渐渐地创造出一个局面。"

没有人知道未来会是什么样子！但是，明智的人会为它的来临做好准备。学习如何与人相处，广交朋友，这是你为你丈夫成为重要人物所做的准备。不论他现在的职业和社会地位如何，你的这种能力永远能够帮助到他。如果你的丈夫不善言谈交际，一个机灵的妻子能够帮助他弥补这个不足；而如果他已经相当机敏圆滑，妻子也有必要维护他，以免让人感到荒谬可笑。

我为了收集本书资料，曾对美国最大公司之一的人事主管进行了访问。我们的谈话很愉快，他欣慰地告诉我，有时候他因为太投入工作，以致忽略了其他的人。但他太太从来没有因为他太忙而抱怨。他说："最近，我跑到我们的洗衣店，向那个老板气冲冲地吼叫，不准他在给我洗衣服的时候再有偏差！他哭丧着脸对我说，'如果是你太太来，我会觉得好一点。'我太太的仁慈和善良，使每个人都喜欢她。她的确很体谅别人，决不使人感到难堪。"

"我们的邻居是个希腊人，当我们走过他的店铺时，我太太就用希腊语和他打招呼；在街尾的另一角，她用意大利语向卖水果的人打招呼。可是他们都不理睬我，因为我的太太不怕麻烦地学他们的语言，同他们寒暄，而不是我。她的做法深获人心，确实使她到处受欢迎。"

我真想认识这位女士，难道你不想吗？

友善、和气，这是一笔无价资产。一个男人的工作太忙，常会专注于工作的技术层面，而忽略人情往来。不过，如果他有一个能够制造出温暖人心气氛的妻子，他将是多么的幸运。无论丈夫怎样了不起，这样的女人都不会被抛弃在背后。因为她是丈夫的亲善大使。

　　一个亲切和蔼的女人促使她丈夫取得良好的社会地位有许多方法。这些方法需要经常练习，如同所有的技术一样。美国广播电视协会会长汉斯·V·卡天傅的夫人，就有很高明的社交方面的本领。因为她似乎有第六感觉，知道应该在何时打岔，以及如何打岔，她说自己已经被人称为"打岔专家"了。我访问她时，她对我说，如果丈夫的话题偏离了方向，她就会设法提醒丈夫使他从不愉快的话题上转移开，或在一个适当的时机对他说"汉斯，咱们为什么不谈……的事情呢？"

　　因为卡天傅先生很受欢迎，在他演讲结束以后，往往有许多人想和他握手，或是站着与他谈上半天。那对他的健康不利。为了使丈夫不致过于劳累，卡天傅夫人会在最适当的时候提醒对方，说他们的汽车正在外头等着，或者他们就要赶不上下一个约会了，这样巧妙地把丈夫带出去。

　　有一次，卡天傅先生在市政厅演讲结束后，听众们提出许多问题，他被困在那里。卡天傅夫人知道这样下去他今天将会累惨，于是站起来说："对不起，我也有个问题，卡天傅太太请问卡天傅先生，什么时候能够回家吃饭？"听众们听了，一致支持她的意见。于是，卡天傅先生终于能够回家吃饭了。

　　如果一个妻子要造就出成功的丈夫，或者是造就出一个她所希望的理想丈夫，还有一件事情也很重要，那就是：妻子要防止丈夫对于成功骄矜自满。不过，完成这个任务需要双方有足够的爱心、体贴和善于把握合适的时机，否则会带来相反的结果。

前面，我们提了很多鼓励男人进取的方法。但是，有时候也需要贬抑一下丈夫，这样才能保证他不会变成一个盲目自大的人，始终保持清醒、理智。对能够做到此点的女人，丈夫应该感激她一生。狄斯雷里说过，令他感到自豪的是，他的太太是自己最严苛的批评家，她总能使她那飘然欲飞的丈夫进行踏实的创作。

另一位名人里曼·毕奇·史东是著名作家和大学讲师，他的祖母荷里特·毕奇·史东曾参与写作了《黑奴吁天录》。他对我坦言，在适当的时候他太太会给他以亲切的贬抑，就他的成功而言，这是很大的贡献。他说："在我刚到大学授课的时候，很幸运的是，学生们都喜欢我。下课后他们总围上来，对我的讲演大加赞赏，使我有点飘飘然。当时，我的确有些浑然陶醉了，我迫不及待地跑回家去，对太太说她的先生是一个伟大的天才。"

"当我开始一项新工作，或是接受一个富有冒险性的任务时，她总是鼓励我，帮我树立信心。所以，当我得意扬扬地向她诉说成功时，她却很冷淡，这使我感到很惊讶。她说：'我当然高兴你做得这样好，但千万不可被胜利冲昏了头。如果不努力保持你现在的水准，那么今天称赞过你的人，明天将会弃你而去。'"

"有一次，在一个大厦的奠基典礼上，我在大庭广众之中演讲。我觉得自己表现得淋漓尽致，完全把握了在这个场合需要的技巧，简直就是继威廉·布里昂以后最伟大的演说家。就这样我醺醺然地回到了家里。"

"我沾沾自喜，在她面前把演讲重演一次，不厌其烦地把得意的细节重复了好几遍。然后，我坐下来等待着她的赞扬。可她只是微笑着对我说：'亲爱的，那太好了，可是那些投资建楼的人呢？他们不是更加值得被赞美吗？你的演讲只是你对他们表示的敬意呀。'"

"确实是这样。我骄傲自大的心理马上像肥皂泡似的消失了。我差一点就成为一个狂妄自大、不明事理的小丑了。真要感谢我太太，她以自己的爱心和敏感使我能认识自己，知道自己的努力还很不够。"

上面提到的海斯夫人、钟斯顿夫人，还有卡天傅夫人、史东夫人，都知道怎样同自己的丈夫在一起生活，而且她们还能够为丈夫的事业增光添彩。

她们的做法是任何女人都能够做到的，那就是尽力赢得人们的友谊，在任何一种社交场合中都愉快自如，同时要促使丈夫脚踏实地，而不是因为成功就骄矜自满。如果这样，她当然不必为可能变成"被丈夫抛弃身后的人"而担忧了。

02.
每天定量的 24 小时，你怎么用？

你可曾想过，在美国最为忙碌的女士是怎样在 24 小时里完成她一天的工作的？

没有谁不说罗斯福总统夫人是大忙人。写作、演讲、国际交往……各种活动排满了她一天的时间，换作另一个女人，即使比她年轻一倍也难以应付。我在纽约访问她时，她正要到一个城市去参加民主党的集会，我向她询问怎样去完成这么多事情，她简明地回答："我绝不浪费时间。"

罗斯福夫人介绍说，她所写的许多专栏文章，都完成于各种活动和会议之间的空当。每天她要工作到深夜，次日早上很早就起来。

每一个人都和罗斯福夫人相同，一天都是 24 小时。但是，我们是怎样度过这 24 小时的呢？我们"没时间"去阅读、参加自修、带小孩子到动物园、出席家长教师联谊会，或者其他许多我们喜欢的、应该做的有益之事。

《如何创造婚姻生活》是保罗·伯派诺博士的著作,他在其中说:"有一种看法值得商榷——家庭主妇大多认为她们所有的时间都被家务占去了。无论哪一个女人,如果她把自己一周的作息详细记录下来,结果会使她大吃一惊的。"

你也应该把一星期所做的事都做个记录。只要你诚实,你会吃惊地发现,"上午10点到10点45分:在电话里和梅贝尔谈天。""下午1点到2点:和邻居聊天。""下午3点到4点半:和哈丽叶逛街。"如此这般的项目真是太多了。

这样的一周记事表,将清楚地表明你是怎样把自己的时间浪费了。接下来你就可以设法改善生活方式,设计好你的活动计划。

纽约社会研究学校开办了一个"职业妇女与服务生活"讲座,其目的是要帮助女士们找到合适的工作岗位。该讲座的讲师爱丽丝女士是一名成功的职业妇女,同时也是一位教育家。课程一开始,她要求每个学生写出她们一周的工作记录表。

她说:"当学员们从中看到,她们的很多时间都浪费在打一些毫无意义的电话,或者本来可以一次购全的东西却跑了好几趟时,她们大都很吃惊,于是开始考虑一个完善的计划表。"

"我看到自己的工作记录表后,我很清楚必须停止看那些侦探小说!自然,不是每个人都需要如此。但很明显,我预定好的工作无法在欣赏这么多神秘小说的同时完成。"一位学员如是说。

此外,在 24 小时里,我们能否很好地利用下面这些时间呢?等待接通电话的时间、等公共汽车的时间、在火车上的时间、坐在美容院吹风机下的时间……

对这些时间,有些人就懂得如何加以利用。已故美国最高法院首席法官哈尔兰·F·史东先生,有一次,他对一个大学毕业班的学生说:"有许多重要的事情,完成于对 15 分钟空闲的合理利用,而人们通常把这段时间浪费掉了。"

约翰·基朗是一个普通的地铁乘客。只要你在地铁里看到他,他肯定在聚精会神地看一本书。

在罗斯福总统的桌上常常摊开着一本书,以便在两次约会之间的两三分钟空当里能够阅读。小罗斯福曾经说,在他父亲的卧室里时常放着一本诗集,以便在换衣服的时间可以记住一首诗。

我们之中谁能够与美国总统相比呢?但我们常常感叹:"没时间读书,太忙了。"

我的这本书,其中大部分也是在小孩子午睡的两小时写下的。相当多的资料也是在美容院的吹风机下看的。在化妆台上还摆着一本书,因为我可以在每晚卸妆和涂面霜的时候看它。

其实,你很容易计算出自己所浪费的时间,并且把时间重新规划一下。你不是一直想学一门外语吗?想读几本好书,听音乐,重新打扮自己?或者唱歌、画画、写作、游玩?总之,请你别再说没有时间。向那些杰出人物学习,把工作之间的空当利用起来吧。

那本奇妙的畅销书《一打比较便宜》，想来大家都读过，讲的是法兰克·纪伯莱家庭的故事。纪伯莱原本是个工程师，后来成为了动力科学的先驱。他与妻子莉莉安博士致力于将节省劳力和时间的方法在商业界和工厂中推广，也应用于处理家务。

他们有12个孩子，他们在孩子很小的时候就为之灌输一种思想，就是生命中的时间是上帝赐的礼物，必须很好地利用。在他们的家里，是不允许有浪费时间的现象的。孩子们早上刷牙的时候，他们的父亲在浴室里放上大字海报，他们可以从上面学会一些新字！

沙尔瓦多·S·卡塞狄是个有经验的顾问工程师，他的妻子提娜·卡塞狄是他的助手，她能够很好地把丈夫在工作中运用的高效率，也用到家务处理上来。

卡塞狄太太除了料理家务，照顾三个孩子以外，还兼任丈夫的会计、秘书、人事经理、研究助理等职，同时她还要承担地方社团和家长教师联谊会的工作。下面是她写给我的一封信的摘录：

"为了能够培育出美丽的花朵，就必须铲除杂草。同样地，为了能在空余时间做我们所喜欢的事情，只有抓紧时间做完基本的工作。"

"我必须照顾三个活泼的孩子，照料一座房子和庞大的花园，还要做我丈夫的秘书，参加社团活动，还有一些宗教与社会职责，因此我必须双倍地利用所有的时间。不仅如此，我还要想法帮丈夫找出一些漏掉的文章，提醒他参加必要的集会，帮他设想改进方案。"

"有一些提高运营效率的方法，是我在洗碗或替孩子热牛奶时想出来的。我们还利用陪孩子们玩游戏来做健身运动，这样也使全家都十分快乐。"

"我们的工作表也不是一成不变，而是富有弹性的。有时候，我们也会暂时搁下预定的事情，专心完成一件特定之事。"

"我和丈夫一起工作，共享各种意见，既让我们的视野得到了扩展，也使我们的生活更加充实和幸福。这样的生活绝对是可能实现的，只要你们有一定的生活目标，并且你决心实现它。"

就像罗斯福夫人一样，卡塞狄夫人从不浪费一秒钟，她们懂得怎样生活，怎样工作，以及如何调剂生活和工作，因此能够获得满意的结果。

可能你也注意到，你所知道的那些最忙碌的人尽管要做很多事情，可是总比散漫的人有更多的余裕。是谁在负责家长教师联谊会？谁在推动红十字会的工作？谁在为教会义卖会销售入场券？她们是那些雇了两个女佣、没有小孩、早餐在床上吃、每天打桥牌的女人吗？当然不是！能够完成最多事情的人，几乎都是有三个孩子的年轻妇女，而且还有一个工作忙碌的丈夫。她们都是星期天到唱诗班去唱歌，而又能做好自己工作的人！

她们之所以能进行如此众多的活动，是因为善于处理家务并且高效率地利用自己的时间。她们对怎样利用时间最有心得。

确实！浪费时间比浪费金钱更加可悲。金钱可以再赚回来，但是，时间永远回不来。下面的八点规则，将有助于你最大限度地利用珍贵的时间：

一、诚实地反省自己怎样运用每天的时间

这件事情需要一个星期来进行一次，你可以看看你把时间浪费到哪里去了。

二、为下个星期的每一天做出时间安排

合理地安排每天的工作时间，能够减少因过于繁忙造成的疲乏、神经紧张和混乱。既然这方法适用于公司的大老板，那么对你、我和其他女人一定有好处。也许由于情况的变化，你需要时常调整工作计划，但是，将这个活动预定表作为工作原则，对你的生活将会大有好处。

三、为自己设计一套省时省力的方法

例如上超市，与其多次零买，不如一次批购，这种做法是最经济实惠的，可以节省不少时间。预先拟好一周的购买单，真是既省时又省事，而且比你每天拟一次菜单，更能够照顾到营养因素。

四、把你每天浪费掉的时间好好加以利用

拟订一个计划，去做你以前没有时间去做的事情，并且只能在你的"休闲时间"里去做。试一下，看看效果怎么样。

五、用一分钟去做两分钟的事情

卡塞狄太太就办到了。她在替孩子热牛奶的时候，计划着丈夫的营养搭配。你在牛肉没有炖熟的时候，也可以写点什么，或是思考什么问题；在带孩子上公园的时候，可以做些编织，这些都是用一分钟的时间完成两分钟的事情。

六、学会利用现代文明的便利条件来减轻你的劳累

消费指南、商品广告、网购小册子、邮政服务，这些都能帮你节省时间。如果本可以利用邮购或电话订购的东西，你却花一个下午去逛购，那么还有比这更昂贵的浪费吗？

七、节省逛街的时间，运用高明的购物方式

聪明的购物方式，是一种特殊的技术。你可以大批购买某些商品，熟悉货品的价值，利用特价商品的优惠……这些都是你必须学习的技术，一旦能够熟练运用，你的时间和金钱就能得到最大的利用，你就能从中获得许多好处。

八、避免不必要地中断你的工作

当你正在埋头工作的时候，有时可以忽略掉电话和门铃的响声。久而久之，你的朋友就适应了只在特定时间才给你打来电话，他们还会因为你讲效率而尊敬你。

在《如何利用一天24小时》一书中，阿诺德·班尼特说："将时间赐予人，每一天都是一个奇迹……当你在清晨醒来的时候，噢！你那耗尽了的荷包就像变魔术一样又充满了，你还没动用过的24小时！属于你的24小时，这是你最为珍贵的财富。"

"在我们中间,哪一个人为每天使用 24 小时来生活呢?所谓'生活'不是一般意义上的'生存',更不是指'过日子'……在芸芸众生之中,谁不曾在有生之年对自己说过:'假如再多给我一点时间,我肯定会做得更好!'"

"可是,我们所能获得的赐予是每天定量 24 小时。我们永远不会有更多的时间。"

03.
聪明女人越忙,越优雅

玛格丽·威尔逊是《如何超越你的平凡》和《你想要变成的女性》等书的作者,同时也是女性形象与仪态的权威,并且她自己就是一个出色的模范人物。她的公寓在第五街985号,她的家事繁重,然而她在与客人会面之时,还是表现得高雅、从容。

最近,我和丈夫到她家去参加一个星期日自助晚宴,共有八位客人,有好几位是政治家。这次宴会十分成功,房间布置得非常迷人,大家都开怀畅谈,非常尽兴。玛格丽为我们准备了一顿精致的晚餐,可是她本人却没有任何劳累的迹象。那一餐有炸鸡、鳄梨、柚子沙拉、热面包卷、青豆炖蘑菇、水果冻,还有甜美的冰淇淋。

我因为没有看见佣人帮忙,饭后向玛格丽询问,她是怎样一个人安排这么一个餐宴的。她告诉我:"很简单!这些东西都是用最简捷的方法做出来的。我在客人到来之前开始炸鸡,喝鸡尾酒的时候，我把炸鸡放进烤箱。水果沙拉是用罐头加工的。我在下午就煮好了青豆，现在把它和蘑菇一起放进锅里炖。当我切好面包，快要上菜以前，这些东西才炖好。甜点是这样做出来的，事先将水果拌好，然后放上冰淇淋，你看就这么简单。"

不过，有些家庭主妇相信请客要花上好几个小时来烹调，必须准备讲究的餐具、特殊的配料。等到客人来的时候，女主人看起来早已累坏了。

1948年，我和丈夫在欧洲的时候，到一位大学教授家赴宴。当我们到达的时候，居然看不到教授的夫人。他解释说他太太在协助佣人做菜。到后来才见她露面，不过只坐下来谈几句就又赶回厨房，因为她的心思还在厨房。

自然，宴会的菜肴极为出色，但是吃一顿饭需要这样劳神费事，我可没有看到过。每吃完一道菜，女主人就要跑回厨房，为下一道菜布置一番。当这次晚宴结束的时候，我们都大大地松了一口气。老实说，我们宁愿带这位太太到饭店去吃一顿饭。也许她并不知道简便的方法，也可能知道却不愿那样做，因为在欧洲一贯是这样。

现在有许多奇妙的创造，如罐头菜、冷冻食品以及各种的家用品，这为美国家庭主妇们带来了不少方便。我们当然应该充分利用这些文明产物，减少花费不必要的时间和精力，而得到令人满意的效果。

也许有人会说，这样制作的食品味道好不了。到底是自己做的菜味道好，还是罐头味道好呢？而且，我想无论是哪一个丈夫，都不愿意每天看到妻子过度忙碌而精疲力竭，他们更愿意在晚上面对神采奕奕、精神焕发的妻子吧。

研究表明，家庭主妇有一个重大的缺点，就是无法改进工作效率。吉尔布雷斯研究所称作"节省行动"的科学研究，给我指明了许多处理家事的简捷方法。你是否在用十个步骤去做只需五个步骤就能完成的工作？有没有经过四个动作才能完成两个动作的工作？最快捷的方法，通常是最好的方法。你有必要反省自己日常工作的"方法"，看看能否改进你的工作。

例如，在你做早餐之时，如果能够一次把你所需要的东西从冰箱里拿出来，比起你一趟拿出鸡蛋、再一趟拿奶油、最后又走一趟拿奶酥可要节省不少的时间和精力。

在家里几个主要角落里放上需要的海绵和抹布，也是一个节省时间的好办法。比如，浴室里的海绵，可以方便地擦洗浴缸，这样就可以随时维护浴室的清洁。这比平日不加清扫，星期天搞一次大扫除要省力多了！这样随时随地清理，你就不会在六天的时间里沮丧地想着，星期天有干不完的工作在等着你。如果住在楼房里，不妨在楼上楼下放上清扫用具。

孩子小的时候，因为婴儿浴盆没有地方摆，我就在浴室的盥洗台上给她洗澡。由于我个子高，必须弯着腰，结果使我的背痛了很久。后来，我就在厨房的水槽里给她洗澡，这样我就可以站着了。对小孩子而言，水槽比较宽敞，同时便于保持卫生，我甚至还安了一个小喷水器，给她冲淋浴呢！

工作忙碌的女士，晚上收拾餐具的时候，就可以把次日要用的东西摆好。这样就不必晚上把盘子收起来，清晨再拿出来了。这样一来早餐也可以吃得从容些，而不至于太紧张。

对女人而言，购物是很浪费时间的事情。下面是几条可以给她们帮助的简捷方法：

一、批量订购主要的日常用品

可以使用网购或电话批量订购肥皂、牙膏、清洁剂、卫生纸、餐巾纸、化妆棉和防臭剂，这是最为经济实惠的做法。批量购买可以使我们享受优惠和送货上门的双重好处。

二、先做好购买计划

例如你想买件大衣，在走进商店前，最好对价钱、颜色、质地、样式有个大略的预计。这样，不但可以节省时间，而且也能避免买到不合己意的东西。

三、加入为消费者进行商品调查的服务社

我就加入了这种服务社，一年只要6美元，却为我节约了不少时间。该服务社每月送给社员一本商店介绍说明书，每年送一本商店目录。在这些书册里面，大至汽车，小至牙膏、牙刷，凡是目前市面上出售的商品什么都有列入，而且，还对商品的等级进行过一番详细的检验——昂贵的未必就品质好。比如，去年的册子介绍说，经过检查，一种价格4美分的洗涤剂在同类产品中品质最好，而我一向使用定价1美元的，但品质

却比之差很多，这真使我吃惊。虽然这只给我节约了一点钱，但我付给服务社的钱已经大大获得补偿了。

四、学会做笔记

在办公室工作的几个年头，使我习惯于做笔记，这个方法能够很好地节省时间。除非你有超凡的记忆力，不然在你安排宴会、上街购物或是预算一年开支的时候，最好把它写在纸上。偶尔忘记莎士比亚的十四行诗，或者忘记丈夫上司的名字还不妨事，但是，如果你的脑袋装满了一些毫无价值的事情，岂不是增添了不必要的负担。我和丈夫如果没有做笔记，根本没办法思考。在我们房子的每一个抽屉里面，都放着一些铅笔和小纸条。

本节所谈的简捷方法，如果能够促使你用心设计自己的家务处理法，那么你所得到的好处将更多。只要你留心，很快就会找到提高你工作效率的方法，可以帮你找回浪费的时间，而使你有更多的时间用于提高自己的修养或协助丈夫的事业。

如果想减少你不喜欢的工作，可以参照以下三个步骤：

一、对你的工作方法进行分析

预计所需要的工作时间，找出时间与精力是在哪里浪费掉的。耐心地反省自己所讨厌的杂务，这些事情之所以使你觉得讨厌，很可能是你的处理方法有问题。

二、对你最厌烦的工作进行分析，思考改进的方法

如果你被难住了，可以请教你的丈夫，或请教你的朋友们，

要不就给报纸或妇女杂志的家庭专栏写信求教。

三、如果是知识有欠缺，要设法补充

有一次，亚历山大·G·培尔向他的朋友约瑟夫·亨利抱怨，由于自己缺乏相应的电学知识，工作很不顺利。可是亨利先生毫不同情，只是说："努力去学吧！"

因此，你绝不能因为事情做不好就灰心失望。如果你认为一件事情值得去做，就应该把它做好。对一般家庭主妇而言，只要她愿意，完全能够把家务事做好，甚至在管理佣人方面，你也可以有所改进。

还要注意一点：对你真正喜爱的工作，千万不要放弃。想要欣赏花朵，就必须除草，但是，不要因此连花朵都拔掉了！使用简捷方法去进行你比较不喜欢的工作，这是为了节省出一段时间，使你能够更好地去做你喜欢的工作。

在日常生活中，有些女人从缝纫、烹煮菜肴、使家具保持像苹果一样发亮等工作中，得到很大的快乐。无论你有怎样的特殊爱好，应该享受它——不要放弃做好一件工作的满足感。在家庭生活中使用高效率的操作技巧，目的在于给你留下空间，使你能够去做你所喜欢的、有益的事情。

04.
为了更亲密，给晚餐"加料"

成为一个好妻子的另一个方法：在做家务之外，你要有一些自己的爱好。

男人只要能够将一些时间花在他的爱好上面，重返工作岗位时，往往能焕发生机。因此女人也应该参加一些家庭以外的活动来调剂心情，从而轻松地从事自己的家务。

让你疲倦的往往不是繁重的工作，而是生活的烦闷和单调。许多人花费在游戏上的精力不亚于为生活而奔忙，因为生活内容的改变，能够给人带来新鲜有趣的感觉。

家庭主妇往往有很多的时间独处，如果能够在家务之余积极与他人交往，将很有益处。例如，参加消费者讲习会或是去欣赏音乐会，要不就到慈善机构去帮忙。类似这样的活动，既能够发展女士的个性，也可以带来一些新观念。

华尔特·G·芬克白纳太太家住德克萨斯州安东尼奥城泰拉阿尔塔路239号，她在自己的孩子上学之后，就到教堂学校去授课。从中她发现自己很适合教导小孩，于是她就去教幼儿园班。

她说道："这份工作给我带来许多惊喜，以前，我对家人的要求过于呆板，事事都严格要求。现在，我的眼光放开了，我每天提早一个小时起来安排家务，接着送孩子上学，然后到自己的学校去上课。"

"我是那些孩子的保育员。我的生活是这样安排的：星期三晚上，我和丈夫去打球。星期四晚上参加我们的讨论会，我能够从中获得精神上的慰藉，也收获了良好的情绪。另外的三天我上课，一周的时间就这样被排满了。我从这些工作中得到了意外的收获，那就是它为我们的晚餐增加了许多的乐趣。因为晚餐是我们全家唯一团聚的机会，在这个时候，大家都有些话题拿出来讲，这使我们更加愉快。有一篇文章这样描述一个精神病患者，在他小时候，他的父母经常在餐桌上激烈争论有关金钱、生活和别的事情，这个不快乐的记忆，常常使他把吃下的东西呕吐出来。我们家有个规矩，就是在吃饭的时候只许谈愉快的话题。晚餐成为了我们家的一个联谊时间，所有成员共享天伦之乐。我那富有创造性的闲余安排，为我此时提供了说不完的有趣话题。"

"从事这些活动还能使你客观地判断事情的价值。由于我把精力放在值得去做的事情上面，所以能够对终日忙碌的琐事视而不见。这样就可以将精力集中起来，把我们的家变成一个安乐园，使每个成员从中得到愉悦。"

既然适当的工作安排能给芬克白纳太太带来这么多的好处，相信对你也将同样大有益处。

你适合哪一种工作形式，取决于你的性格爱好。首先，仔细想想你一向想得到的或是想去做的事情。只要你认真观察自己的周围，就会发现许多极有价值的活动，即使你住在一个小村子里也是这样。假如你确实找不到适合你的活动，那就不妨多辛苦些，设法将与你志同道合的人组织起来。

我是这样安排的，我加入了纽约莎士比亚俱乐部，固定参加他们组织的活动，这给我带来了许多益处。这是一个研究性的文学团体，所讨论的题目都是我很喜爱的，人们探索着400年前的世界，这样就使20世纪的问题具有了一种新鲜的观感，同时这还使我与丈夫谈话的时候，在牛排等食品的价格以外，多了一些可谈的东西。

我丈夫非常感兴趣的是亚伯拉罕·林肯的生活经历，而我的兴趣则是莎士比亚。我们相互交流，这样就能更好地了解对方的偶像。我们经常在一起讨论问题，也难免有些争论，不过气氛都非常愉快。因为各有所好，便能相互拓展对方的眼界，使双方得到加倍的好处。这是不是比两人志趣完全相同更有趣呢？

《婚姻生活指导》一书是由赛默尔和艾莎·克林合作完成的，她们在书里说："婚后的夫妇因为过于亲密，每件事情都一起去做，时间长了，相互之间的关系可能会变得毫无意思。如果他们有不同的兴趣爱好，能够经常给生活带来变化，这就使得他们能够长期保持婚姻的新鲜感和乐趣。"

  我的看法都可以概括在这段话里面。假如你已经感到自己的婚姻缺乏活力，需要调整的话，你就应该找到家务以外的活动内容，并且尽力去做好。这样，你就为自己成为丈夫的最佳伴侣做好了心理准备。

05.
女人会理财，旺夫又旺家

　　小说里经常有一种对金钱的乐天哲学，好像它们可以轻而易举地赚取，这种态度给了我们很多有趣的笑料。在《你无法把钱带在身边》这部小说里，那位老绅士无法接受什么所得税，抵死不肯缴付，真是令人捧腹。《大卫·科波菲尔的新娘》中的朵拉也令我们啼笑皆非，只要丈夫想告诉她按照收入计划开销的时候，她就撅起嘴来撒娇。在《与父亲一起生活》里所描写的一个母亲节也很令人开心，这家人每个月都不可避免地要发生争论，原因是母亲总是把家庭预算弄得一团糟。可是，在母亲节那天，父亲却表现出优雅的风度。在这些文学上令人发噱的角色中，还有狄更斯笔下那个浪漫成性的麦克白先生。

　　在小说故事里，一个角色身上常常会同时并存任性和迷人的魅力。在实际生活中，什么事情都比不上挥霍金钱更伤感情的了。借钱度日的人不再有趣——他只不过是个粗心大意的冒险家。奢侈浪费、糊涂度日的妻子也不会有迷人的魅力——她只是压在丈夫肩上的重担。

现在我们所有的钱比起十年前甚至五年前来真是太不经用。我们的生活水准在提高，物价在膨胀，孩子的教育费用变得更昂贵。面对这样一个不成比例的挑战，你必须学会怎样有效地利用你的钱。

普遍存在这样一个错误观念，就是以为只要有了钱，就什么问题都解决了。其中的谬误专家们早已指出。曾经担任华纳莫克和吉姆贝尔百货公司职员及顾客财务顾问的艾尔西·史泰普来敦先生指出，就大部分人而言，增加收入只是造成更多的花费而已。

加拿大蒙特娄银行这样奉劝其储户：当你的收入增加，有必要注意合理地使用它。

我在收集相关资料时，注意到一本心理学家有关家庭问题的著作。这本书非常出色，但有一个缺点，就是作者对于家计显然并不在行，他竟然这样说："处理家计没什么难的，有钱时多花，缺钱时就少花！"

的确，在理论上说起来是很简单，但是实际操办起来可就不这样简单了。否则，我们也会成为上述小说里那些只会花钱的可笑人物了。

没有节制地乱花费，意思是说除了你以外的每个人，都可以分享你一部分收入，包括肉店、面包商和烛台制造商。可是，与此相反，有计划地花费，能够保证你们全家人公平地分享你的收入。

　　预算开支并非是一件紧身衣，用来束缚你的行动；也不是毫无意义地记录你所花掉的每一分钱。这是一种有目的的规划，以促使你能够最大效益地使用你的收入。如果你掌握了正确的预算方式，就可以更好地达到你的目标——家庭的富裕、子女的教育费用、自己的养老金……

　　开销预算将告诉你，哪些并不重要的项目应该删减，哪些必要的开支需要补充。

　　因此，你应该立即开始学习如何处理家庭财务，如果你过去没有做过预算的话。清楚如何使丈夫的收入发挥最大的使用价值，也是你协助丈夫取得成功的一个最重要方法。假如他只会开源却不懂怎样节流，你就要看紧他的钱包；如果他是一个节俭的人，你和他一致的态度可以增加他的信心。

　　怎样才能使你成为一个家庭理财专家呢？银行一般都设有家计预算咨询服务，你可以向他们请教如何做好一个预算计划，以适应你的收入状况和特殊的需要。

　　伊利诺伊州家政协会的消费者教育组位于芝加哥市北密歇根街919号，他们印发了一些精美的家计簿，其中介绍了包括预算的家庭财务管理。小册子每本价格10美分，如果你能够善加利用的话，它能给你节省的金钱将是它的N倍。

　　另一个供应这种精美小册子的是公益委员会，它设在纽约市38街22号。它的售价是每本20美分，也可以长期订阅。其内容有"女人与她们的金钱""怎样投资人寿保险",以及"消费者赊账"等,对那些想处理好家庭财务的女士而言,想必会对这些资讯感兴趣。这类知识的另一个来源是《妇女时代》杂志。你从中可以知道如何改做旧衣服、如何配制价格低廉又有营养的小菜,甚至还教你怎样制造家具。

当然,任何一种已经印好的预算计划表都无法直接套用你的情况,它也未必适合于其他任何人,必须是专门为你的需要而拟订的。因为,没有两个家庭的情况会完全相同。就如你的脸孔和身材一样,你的经济问题是独特的、与众不同的。

如果你要制订你自己的家庭预算计划,下面几点原则可以帮助你:

一、每笔开销都要记录在案,这会使你明了你的收入使用情况

除非知道错误所在,否则我们将无从改善任何情况。如果我们根本不知道需要在哪里删减、删减的原因、删减多少,要想节省从何谈起。所以,你应该在开始的一个时期,将家庭的所有开销记录下来(最好以3个月为试验期)。

约翰·D·洛克菲勒和阿诺德·班尼特都是记账专家,他们可谓手不离账册。见贤思齐,我也不例外。虽然购物都是以支票的方式付款,但我仍喜欢把全部的花费做一个明细表。年终做一次总结算,这样我就能够精确地知道,我们这一年在食物上花了多少钱,水电费、娱乐费等分别支出多少。借此我还可以探寻我家生活开支增加的原因。

到你完全知道钱是怎样花费之后，可以不必这么做。不过我喜欢手头随时有这种资料。例如，当我怀疑自己买衣服花了太多的钱时，只需看一眼记录表就知道了。

一对夫妇在对生活开销进行登记之后，感到很惊讶，因为他们发现每个月单买酒就花了 70 美元！可他俩并不嗜酒，只是一对热情好客的主人。原来，他们时不时地邀请朋友在兴致好的时候"到家里来喝上一杯"。这以后他们明智地做出决定，不必要再开免费酒吧了。于是，在另一项花费中就多了 70 美元。

二、根据你家的特殊情况，拟出你的开支预算

首先，列出你家在一年中的固定开支项目：房贷、食物、水电费、保险金等。然后，再对其他必要的支出做出安排——教育费、交通费、服装费、医药费、社交费等。

当然，这并非容易的事。这需要你具有坚定的决心，还要有自我控制的能力。我们很难如愿以偿地买下每一件想要的东西，不过却可以放弃不重要的东西而获取最有价值的东西。你愿意为获得家庭幸福而放弃华贵的衣服吗？你乐意为买一台电视机而自己洗衣服吗？显然，这只能由你和你的家庭来决定。由此可见，一张现成的预算表对你的需求是没有意义的。

三、应该把 10% 以上的收入储蓄起来

给你的家庭规定一个开销定额，无论如何要把 1/10 的收入储蓄起来，或者用作投资，或者派作其他特殊用途，如购买房子或汽车。根据专家的计算，只要你能省下全部收入的1/10，就算物价居高不下，几年之后你的经济状况也会很宽裕。

我有一个朋友，她的丈夫是一个节俭而且固执的人，他可是宁愿在车站广场上赤身裸体，也不愿放过任何一个可以节约1/10薪水的机会。她对我说，在大恐慌的那几年，他们可遭尽了罪，由于丈夫的收入"缩水"太多，买东西的时候，每一分都必须精打细算。她的丈夫为了省下公共汽车费，每天要走20条街。但是，他们从没有放弃储蓄1/10薪水的计划。她说："有时候，我真是恨透了这个计划，尤其在我们迫切需要开销之时。可是，我现在很感谢它，因为正是这个计划，这所房子如今才属于我们自己，我们的生活才安稳充裕。"

四、对不时之需要有准备

关于这方面，已有不少专家对年轻夫妇提出劝告：务必存有一到三个月的收入，以备不时之需。不过，专家又警告说"欲速则不达"，过于勉强反而存不下钱。与其隔几周才存上5美元，不如固定下来——每周存2.5美元。这样效果将更好。

五、实行你的开销计划需要全家合作

专家说，执行预算必须全家人合作，并且不时谋求改进。原因是每个人对钱的态度并不相同，因此应该经常与全家人共同研讨预算，以此方式解除由于对钱不同的态度而产生的感情上的摩擦。

六、对人寿保险要有所了解

对全国的女士而言，人寿保险协会妇女组主任玛莉·史蒂芬·艾巴莉是这方面的专家，她的看法颇具权威性。我访问她的时候，艾巴莉女士建议每一个妻子都应该自问以下这些问题：

你清楚人寿保险对你的家庭的重要性吗？你知道分期付款与一次付款有何不同吗？有多种付款方式可供选择，你了解吗？你是否明白现代人寿保险所具有的双重意义——如果保险人享受余年，人寿保险可以给他提供独立的资金；如果不幸早逝，人寿保险就为他的家庭提供了经济保障。

这些问题只有你丈夫一个人知道是不够的，它的答案你也必须清楚，因为这对你的家庭极为重要。万一有一天你成了寡妇，这些知识就可以帮助你解除忧虑和困难。

人寿保险协会位于纽约麦迪生街488号，你可以向他们免费索取一本《人寿保险须知》。这个小册子可以帮助你了解有关保险的问题。

在《创造成功的婚姻》一书中，贾德森和玛丽·南狄斯告诉我们，在婚姻生活中必须经常沟通的重要事项之一，就是家庭收入的支配问题。

自然，金钱绝非无所不能。不过，如果学会了高明地处理我们的金钱，就可以给丈夫和家庭带来更多的安宁，而这些正是幸福的含义。

因此，你可不要再浪费时间去幻想你的吉姆就是那个"无缘的人"，只会给你带回来一个大薪水袋。你的职责就是使自己成为一名理财高手，有效利用吉姆赚的每一分钱。

06.
你的社交活动可能帮了他的大忙

"请学会社交吧,因为你的面前是成群的职业高手!"这是美国著名女性专家波尔·特丝对现代女性的一句忠告。交际,是人类的基本需要。没有社交的女人是可怜的,没有社交的女人更是可悲的。随着社会的进步,女性参加社会活动的机会越来越多,女性从社交中获得的益处也越来越多。对一个人的人生而言,群体活动是其中的重要环节,人就是在群体活动中度过的。没有社交,没有群体活动,女人的人生会变得枯燥乏味,甚至了无情趣。

女人作为社会中的一员,肯定少不了与其他人交往。但交往并不是我们表面上看到的,仅仅是双方相互说说话而已,它应该包含更深一层的含义,那就是在交往双方之间建立一种良好的关系和友谊。在现实生活中如何进行交往是有许多技巧和经验可循的。那么作为一名现代女性,怎样才能广结人脉,拓展自己的生活空间,从而更好地帮助丈夫取得成功呢?

一、要确立目标

一定要为你的人脉系统确定一个关键目标，不能漫无目的地到处寻找。你的目标定得越具体，你的关系网就越容易被联结起来。所以，一定要将你的愿望确立为一个可以用语言形容，并可以达到的目标。当你向这个目标前进时，所走的路与旁人的路产生交错，才会产生交际，也才会有机会交到对自己有实际帮助的朋友。

二、要积极参加各种活动

每项活动都会为你提供扩大社交圈的机会。你可事先思考一下，你希望认识哪些人，然后收集一些可以参与到这些人的交谈中去的信息。尽量适应环境，因为如果你要求自己至少要和三个以上的人攀谈的话，就算是无聊地站在那里应酬也会令你感到紧张。只有多参与各种活动，才有可能随时把自己推销出去，同时还能得到对方的信赖。使自己成功的脚步更稳健、更扎实。

三、把你的愿望告诉别人

不管你是在找一份新工作，还是要买一台便宜的电脑，只要你不清楚谁能够帮助你，主动地广而告之的技巧就可能会派上用场。将你的愿望告诉所有你碰巧遇到的熟人或朋友。口头广告肯定会让你受益匪浅。

四、积极利用各种集会时间

活动前、讲座休息时或者是在午餐时，你都不要置身事外。

你可以充分利用这些时间，结交你的同事、领导以及你身边不太熟悉的人。因为事业的成功也可以是在下班时间取得的。

五、注意收集信息

在与人交谈时，认真倾听，并且通过提问，让谈话朝着你希望的方向发展。为了你事业的发展，应该收集一些人的联系方式和值得了解的信息。

对于女性来说，拓展人脉、处世交友还有一套柔性交际法。柔的心灵、柔的微笑、柔的语言，让众人看到你最富有"温柔女人味"的一面。

一、微笑

据说，人在笑的时候，要使用13块面部肌肉，而在皱眉时，要使用47块面部肌肉。正因为如此，人在笑的时候快乐而且自然。整日愁眉苦脸的人，可以说没有意识到自己忽略了一个最有魅力的特点。微笑或笑脸好比是投向水面的小石块，能不断地增加和扩大亲切友好的涟漪。

出生两个月的婴儿，见了母亲的微笑就会露出笑脸；到了五个月时，看到母亲皱眉头，他就会哭泣。总之，孩子在出生后所接触的人，对于他们性格的形成，无疑是十分重要的。

对于别人锐利的目光，不要以眼还眼，而应该报之以微笑。对于生性乖僻、腼腆的人，我们若能笑脸相迎，相互间的隔阂就会消除，对方紧绷着的脸也会很快松弛下来，并露出笑容。

真正的微笑，需要内心的真诚，也就是说，它必须产生于想帮助别人的这种真诚的愿望。一位心理学家曾经说过:"行为基本上产生于情感之后。可是实际上,行为与情感是形影不离的。我们可以通过制约受意志直接支配的行为,间接地调节不受意志控制的情感。"所以,一个女人若能笑得赏心悦目、神采飞扬,那么她肯定能赢得周围人的好感和信赖。

二、赞扬

有一种说法一直颇为流行,那就是"赞扬能使羸弱的躯体变得强壮,能让恐惧的内心恢复平静,能让受伤的神经得到休息,能给身处逆境的人以务求成功的决心"。实验心理学对奖赏和处罚所做的研究也表明,受到赞扬后的行为,要比挨了训斥后的行为更为合理,更为有效。

三、感谢

除了赞扬人,还有一点也很重要,那就是感谢人。旁人即便替你做了一件微不足道的小事,你也不要忘记说声"谢谢"。与此同时,你还应该不断地去发现值得感谢的东西。这种感谢,是对对方所做的事情和人格的看重,它与赞扬具有同样的出发点。所谓感谢,就是使用亲切的字眼,向对方表达自己的心情。光在心中想是不够的,要表达出来——这一点具有十分重要的意义。

四、倾听

有些女性因为很想让人觉得自己有才气、理解能力强,所以喜欢经常说俏皮话,结果却给人造成不懂装懂、卖弄学问和只想谈论自己的印象。你对别人的话若能做到侧耳倾听,连半句也不放过,那么别人反而会觉得你很有水平。事实上,一个人越是有水平,他在听别人讲话时就越认真、越专注。所以那些讲起话来口若悬河、滔滔不绝的人,那些不管什么场合都想发表自己意见的人,以及那些等不到对方把话讲完就想做出回答的人,应该耐心聆听对方讲话,这样才能显得聪明、慎重和深谋远虑。